KB152592

진화인류학 강의

사피엔스의 숲을 거닐다

진화인류학 강의

박한선 지음

권지헌 정리

해냄

Vast chain of being, which from God began,
Natures aethreal, human, angel, man,
Beast, bird, fish, insect! what no eye can see,
No glass can reach! from infinite to thee,
From thee to nothing!
Where one step broken, the great scale's destroy'd:
From Nature's chain whatever link you strike,
Tenth or ten thousand, breaks the chain alike.

거대한 존재의 연쇄!

신으로부터 시작되어

영적인 존재와 인간적인 존재, 천사, 인간,

들짐승, 새, 물고기, 벌레까지!

어떤 눈으로도 볼 수 없고

어떤 망원경으로도 닿을 수 없는 것!

무한에서 너희까지

너희에서 무까지!

거기서 하나의 단계가 부서지면,

커다란 위계가 파괴되고

자연의 연쇄에서 어떤 고리를 떼어내도,

그것이 열 번째건 만 번째건,

그 연쇄는 똑같이 부서진다.

— 알렉산더 포프, 『인간론』[1] 중

차례

1부 _____ 진화인류학의 숲에 들어서기 전에

1장 진화인류학이란 무엇인가 13

인류학의 시작을 찾아서 14 | 중세 유럽의 세계관 20 | 지식의 홍수가 뒤흔든 기독교적 세계관 25 | 격변설과 점진설 27 | 다윈과 월리스의 등장 30 | 과학으로 편견을 넘어서다 35

2장 지구 환경 변화에 따른 인류 진화 40

수십억 년의 기다림 41 | 거대한 지질 격변 54 | 극악한 기후 변화 57 | 오묘한 우주 변화 60 | 적응하거나 이동하거나 62

3장 자연선택과 성선택 65

풍성한 생명의 나무, 자연선택 66 | 다윈의 미운 오리 새끼, 성선택 69 | 수도사 멘델의 유전학 76 | 세대를 거쳐 통합된 다윈과 멘델의 이론 82

2부 _____ 사피엔스가 걸어온 수백만 년의 시간

1장 오스트랄로피테쿠스에서 호모 에렉투스까지 87

인류의 출발점, 루시 88 | 도구 인류, 핸디맨 92 | 아프리카를 떠난 나리오코토메 소년 94 | 인도네시아로 건너간 자바맨 98 | 동아시아로 걸어간 베이징맨 102 | 모비우스와 전곡리 106

2장 하이델베르크인에서 호모 사피엔스까지 109

지혜로운 사냥꾼, 하이델베르크인 110 | 나이 많은 라 샤펠오생인 113 | 작은 인간, 플로레스인 119 | 아웃 오브 아프리카, 호모 사피엔스 122

3부 _____ 걷고 말하고 생각하는 존재

1장 두발걷기와 짝 동맹 131

왜 두 발로 걸었을까? 132 | 두 발로 걸으며 바뀐 몸 135 | 점점 작아진 골반, 점점 커진 고통 139 | 서로 협력하고 오래 돌보다 144

2장 도구를 쓰는 인간 149

자유로워진 손 150 | 아슐리안 석기의 미스터리 153 | 불 맛 나는 요리 157 | 느끼고 잡고 교감하다 162

3장 말하는 인간의 탄생 165

언어에 관한 오해 166 │ 언어의 다양성과 보편성을 둘러싼 논란 169 │ 인간 언어의 등장 175

4장 큰 뇌가 불러온 인간의 변화 181

인간과 동물의 본질적 차이 182 │ 큰 뇌를 유지하는 방법 185 │ 뇌의 다섯 가지 특별한 변화 188 │ 뇌의 성장을 이끈 요인들 190

4부 _____ 믿고 속이고 사랑하는 사회

1장 독특한 사랑의 법칙 201

까다로운 사랑의 조건 202 │ 건강한 사람에게 끌리는 이유 204 │ 환경에 따라 달라지는 매력 206 │ 돈과 외모가 전부는 아니다 208

2장 결혼을 둘러싼 규칙 211

협력적 문화에서 나타난 일부일처제 212 │ 신부대와 지참금, 결혼은 거래일까? 214 │ 외도와 통제 216 │ 질투와 이혼 219

3장 애착이 만들어낸 공동체, 가족 222

정서적 행동 경향, 애착 223 │ 애착 이론과 유형 224 │ 피는 물보다 진하다 228 │ 가족 간의 갈등과 불화 232

4장 사회를 만드는 마음과 문화 236

타고난 마음, 길러지는 마음 237 │ 마음의 모듈성 240 │ 감정 모듈과 사회성 242 │
사회적 감정 245 │ 마음 읽기와 사회의 형성 249 │ 화려한 문화는 구애를 위한 것
일까? 251 │ 문화 진화의 여러 모델 253

5장 도덕과 종교 260

공항의 도덕, 목욕탕의 도덕 261 │ 죄수의 딜레마와 팃포탯 264 │ 도덕의 보편성
과 다양성 266 │ 범죄의 존재 이유 270 │ 종교의 탄생 274

이 책을 마무리하며 283

주 288

영상 출처 301

더 읽을거리 302

부록 한국의 고고·자연사 박물관 307

1부

진화인류학의 숲에
들어서기 전에

1장

진화인류학이란 무엇인가

진화인류학은 마치 시간 여행을 떠나듯이 우리 인간의 역사를 거슬러 올라가는 매혹적인 학문입니다. 몇백만 년에서 몇십억 년에 이르는 광대한 시간 속에서, 우리 인간의 몸과 마음이 어떻게 지금의 모습으로 발전해 왔는지를 탐구하죠. 이를 통해 우리는 인간성에 관한 몇 가지 중요한 질문의 답을 찾을 수 있습니다.

예를 들어 인간은 왜 한 명의 연인과 오래도록 사랑하는지, 두뇌는 왜 이토록 발달했는지, 몸의 털은 왜 사라졌는지, 문화는 어떻게 나타났는지 등의 질문입니다. 심지어 신앙과 같은 종교적 신념까지도 인간의 진화 과정에서 어떻게 탄생했는지 고찰합니다.

그렇다면 이 흥미진진한 학문은 어떻게 형성되었을까요? 오래된 뼈를 발견하고 그 뼈들이 어떻게 오늘날 우리와 연결되는지 하나하나 퍼즐 맞추듯이 조사하면서 시작된 진화인류학은 지금은 뼈보다 다른 것을 더 많이 연구합니다. 유전자도 분석하고, 수렵채집인의 삶도 조사하고, 유인원이나 영장류의 생활도 공부한답니다. 물론 대한민국의 현대인에 관한 관찰과 연구도 아주 중요하죠.

이러한 연구 결과는 우리 조상의 삶의 단면을 보여주며, 우리가 어디서 왔고 어떻게 현재의 모습으로 빚어졌는지, 왜 이렇게 느끼고 생각하고 행동하는지에 대한 중요한 통찰을 제공합니다. 마치 우리 자신의 오랜 족보를 탐색하는 듯한 느낌이죠. 혹은 역사책이 쓰이기 이전의 역사를 더듬어가는 것 같기도 하고, 마음속 깊은 심연으로 다이빙하는 것과도 비슷합니다. 그러면 인간 진화의 경이로운 여정을 함께 떠나볼까요?

인류학의 시작을 찾아서

인류학(anthropology)은 '인간'을 뜻하는 그리스어 '안트로포스(anthropos)'와 '학문'을 뜻하는 라틴어 '로기아(logia)'의 합성어입니다. 라틴어를 사용하는 사람이라면 '인류+학문'이라는 뜻의 '안트로피아(anthropia)'라는 단어를 어려움 없이 이해했을 겁니다. 그러나 이 말이 그리스나 로마 시절에 처음 만들어진 것인지, 중세 시대에 처음 쓰인 것인지는 잘 알려져 있지 않고, 이 말을 처음 쓴 사람이 누구인지도 알 수 없습니다.

인류학에 대해서는 아리스토텔레스가 사용한 안트로폴로고스

(anthropologos)가 가장 유명한 표현인지도 모릅니다. 물론 로고스(logos)라는 그리스어는 로기아(logia)라는 라틴어와 관련이 없습니다. 고대 그리스어에는 '-logia', 즉 '무엇에 관한 학문'을 뜻하는 접미사가 없었거든요. 그가 말하는 로고스는 '말'이라는 뜻입니다. 그는 『정치학(*Politics*)』에서 이렇게 말했습니다.

> 인간이 벌 등의 군집 동물보다도 더 정치적 동물이라는 사실은 자명하다. 자주 이야기했지만, 자연은 아무것도 헛되이 만들지 않는다. 그런데 인간은 유일하게 말을 하는 존재(zōon logon echon)다. (······) 오로지 인간만이 선과 악, 공정과 불공정에 관한 감각을 가지고 있다. 이러한 감각을 가진 살아 있는 존재로서의 인간 결합이 가족과 국가를 이룬다.
> — 아리스토텔레스, 『정치학』[1]

여기서 zōon은 '동물', logon은 '말', echon은 '가지고 있다'는 뜻입니다. 흔히 말은 논리와 이성을 뜻하므로, '인간은 이성적 동물'로 정의한 것이죠. 언어를 사용하면 이성적·논리적 사고가 더 쉬워지지만, 그냥 담백하게 '말하는 동물'이 인간이라고 하면 좋을 것 같습니다. 말, 즉 언어는 정말 다양한 기능이 있거든요. 게다가 그는 인간의 특징을 오로지 '말'이라고 주장하지는 않았습니다. 『형이상학(*Metaphisics*)』에서는 이렇게 말하죠.

> 인간은 두 발로 걷는 동물인데, 이를 인간의 특징이라고 할 수 있다. (······) 인간이 다른 동물과 다른 점은 여러 가지가 있다. 예

를 들어 인간은 발을 가지고 있고, 두 발로 걷고, 털이 없다.

— 아리스토텔레스, 『형이상학』[2]

이외에도 그의 수많은 저작에는 인간성의 특징에 관한 개념이 여기저기 흩어져 있습니다. 『동물사(*History of Animals*)』에서는 인간만이 등보다 배에 털이 더 많으며, '얼굴 같은' 얼굴을 가지고 있으며, 신체 여러 부분의 다양성이 가장 높다고 했죠. 『영혼에 관하여(*On the Soul*)』에서는 인간의 촉각이 가장 잘 발달되어 있으며, 유일하게 사고와 계산, 추론을 할 수 있다고 했습니다. 『니코마코스 윤리학(*Nicomachean Ethics*)』에서는 인간만이 의지에 기반한 행동을 할 수 있다고 했고요.

아무튼 인류학이라는 말의 어원은 아직도 오리무중입니다. 1863년 런던인류학회를 창립한 의사이자 인류학자 제임스 헌트(James Hunt)는 아리스토텔레스의 안트로폴로고스를 언급하며 인류학의 어원이라고 제안했지만, 사실 로기아와 로고스는 다른 뜻이므로 아리스토텔레스의 의도를 오해한 것이었죠. 참고로 헌트는 1843년에 창립된 런던민족학회에서 인종에 관한 입장 차를 이유로 탈퇴하여 새로 학회를 만들었습니다. 그러다가 1871년에 두 학회는 찰스 다윈(Charles Darwin)의 친구였던 토마스 헉슬리(Thomas Huxley)에 의해 왕립인류학연구소로 다시 합쳐졌죠.

인류학의 본격적인 시작을 이븐 바투타(Ibn Battuta)의 『이븐 바투타 여행기(*Rihlatu Ibn Batutah*)』로 꼽는 사람도 있습니다. 그는 14세기 모로코의 탐험가이자 상인으로, 잘 알려진 '최초'의

인류학자였습니다. 21세부터 아시아, 유럽, 아프리카 등 당시에 알려진 세 대륙을 누볐죠. 서아프리카의 말리와 동아프리카의 케냐, 유럽의 베니스, 중동의 바그다드, 인도의 델리, 중국의 베이징과 항저우까지 정말 많은 곳을 다니면서 여러 지역의 사회·정치·관습·문화·종교·민속·기후·지리·식생 그리고 여러 민족의 신체적·정신적 특징에 이르기까지 다양한 기록을 남겼습니다.

1593년 영국의 천문학자 리처드 하비(Richard Harvey)는 브루투스 전설에 관해 이야기하면서, 역사학에서의 계보나 예술, 과거에 일어난 행동 등에 관한 학문을 인류학이라고 규정했습니다. 브루투스 전설은 영국, 즉 브리튼의 건국신화입니다. 트로이전쟁의 영웅인 아이네이아스의 후손 브루투스가 아버지를 죽인 후 추방당하여 영국에 와서 자신의 이름을 딴 브리톤스(Britons)라는 나라를 세운 이야기인데요, 학술적인 의미는 없고 다만 인류학이라는 용어가 처음 등장한다는 의의가 있습니다.

아마 인류학에 관한 가장 확실한 최초의 설명은 1647년에 발간된 의학 서적에서 찾을 수 있을 겁니다. 해부학 교과서 『인체의 해부학적 조직(Anatomicae Institutiones Corporis Humani)』의 개정판 서문입니다.

인류학, 즉 인간을 다루는 과학은 해부학과 심리학으로 나뉜다. 해부학은 인간 몸의 각 부분을 연구하며, 심리학은 인간 마음에 관해 다룬다. ― 카스파 바르톨린, 『인체의 해부학적 조직』[3]

이븐 바투타처럼 시대를 앞서간 탐험가도 있었지만, 진정한 모험의 시대는 15~17세기의 '대항해 시대'라고 할 수 있습니다. 유럽인의 눈에 아시아와 아프리카, 오세아니아, 아메리카의 여러 민족의 외양과 언어, 문화와 관습은 아주 진기했습니다. 군인과 선원, 선교사, 상인들은 새로운 곳의 흥미로운 이야기를 글로 적어 본국으로 보내기 시작했죠. 귀한 물건도 헐값에 사거나 아예 빼앗아서 가져오고, 심지어는 원주민을 억지로 데려오기도 했습니다.

대항해 시대 이후에 이른바 '계몽의 시대'가 시작됩니다. 이성과 논리에 입각한 과학적 진보에 대한 믿음, 이를 기반으로 하는 다양한 문화적 운동과 정치적 주장이 활짝 만개합니다. 세계 여러 곳에 사는 인류 전체에 관한 과학적 관심이 높아지기 시작했죠. 인간의 신체와 정신에 관한 과학적 연구를 비롯하여, 대항해 시대부터 시작한 여러 민족의 문화와 언어, 체질에 관한 다양한 비교 연구 등이 이어지면서 이른바 근대 인류학의 토대가 만들어집니다.

당시 유럽의 지성인은 특정 분야에 국한하지 않고 인간과 자연, 사회와 문화에 관해 광범위한 관심을 가지고 있었습니다. 철학자나 과학자, 의학자 등 많은 학자가 인간에 관해 연구했지만 중세 내내 지속된 편견에서 자유롭지 못했고, 연구 자료도 세계 여러 곳에서 보내주는 기록이나 표본에 의존했기 때문에 엉터리 결론을 내리는 일도 많았습니다.

19세기부터는 직접 현지로 가서 관찰하려는 연구자가 등장했습니다. 조사하려는 곳에 가서 아예 현지인과 같이 살기도 했습니다. 그들의 눈으로, 그들의 언어를 사용하여, 그들의 생태와 문화,

관습, 체질을 이해해야 한다는 것이었죠. 그래서 다른 사람이 수집한 자료에 의존하여 연구하는 인류학자를 '안락의자 인류학자'라고 비웃기도 했습니다.

이렇게 직접 현지로 떠나 연구한 학자 중 한 명이 바로 다윈입니다. 그는 HMS 비글호의 선의 자격으로 무려 5년 동안 세계를 일주했는데, 남아메리카에 위치한 티에라 델 푸에고의 원주민을 만나 조사하기도 했습니다. 1832년과 1833년에 방문하여, 그들의 생활 방식과 사회구조, 환경 적응 전략 등을 관찰하고 기록했죠. 다윈은 그곳의 원주민이 지닌 행동 양상과 문화적 관습이 혹독한 기후 조건에 적응한 결과라고 생각했습니다. 어떤 의미에서는 최초의 진화인류학자라고 할까요?

18세기 이후 인류학이 확고한 학문 분야로 자리 잡으면서 근대적 인류학이 크게 발전합니다. 이때부터 인류학은 문화인류학, 고고인류학, 언어인류학, 진화인류학의 네 가지 주요 분야로 나뉩니다. 문화인류학은 문화적 현상을, 고고인류학은 유물과 민속 자료를, 언어인류학은 인간의 언어를 연구하는 데 집중합니다. 각각의 분야가 저마다 다른 대상을 연구하지만, 이들 사이에는 중요한 교집합이 존재하여 서로 교류하고 영향을 주고받습니다. 이뿐만이 아닙니다. 인류학은 이론적 연구에만 머무르지 않고 의료인류학, 정치인류학, 비즈니스인류학 등으로 응용 분야가 확장되고 있습니다. 심지어 범죄 수사나 전자제품 개발과 같은 영역에서도 인류학적 지식이 폭넓게 활용됩니다.

진화인류학은 인류학의 다른 분야와 긴밀히 연결되며 발전해

왔습니다. 인간을 포괄적으로 이해하려면 네 가지 주요 분야와 파생된 응용 분야에 대해 열린 마음가짐이 필요합니다. 특히 요즘은 학제 간 연구의 중요성이 강조되고 있습니다. 학제 간 연구란 하나의 연구 주제에 대해 두 가지 이상의 학문 연구자들이 공동으로 연구하는 일을 말합니다. 그런데 인류학은 이미 수백 년 전부터 학제 간 연구를 진행한 전통이 있습니다. 다양한 분야가 상호작용하며 인간의 본성에 대한 통합적인 이해를 구축해 왔죠.

그러면 진화인류학이 등장하기 전, 사람들은 어떤 세계관에 따라 인간을 이해했을까요? 잠시 그 시기로 돌아가봅시다.

중세 유럽의 세계관

중세 유럽에서 기독교 세계관은 매우 강력했습니다. 사람들은 에덴동산의 아담과 이브로 대표되는 창조론적 관점으로 세계를 이해했죠. 중세 기독교의 세계관은 비과학적이지만 인류의 다양성을 상당히 체계적으로 설명했습니다. 물론 실증적 데이터에 기반한 것은 아니었지만요. 아마 세계관 자체의 내적 정합성으로 인해서 무려 1,000년 넘게 지속되었을 것입니다. 당시 학자들은 이를 단지 종교적 신화라고 여기지 않고 '사실'이라고 생각했습니다.

중세 유럽의 세계관과 인간관은 기본적으로 'T-O 지도'에 기반합니다. T-O 지도는 중세 유럽에서 기독교 문화가 지배적이던 시기에 흔히 사용된 세계지도입니다. 이 지도는 복잡한 세계를 간

단한 모식도로 나타내는데, 그 형태가 알파벳 'T'와 'O'를 연상시켜서 T-O 지도라고 불립니다.[4]

7세기 중반, 당시의 세비야의 주교이자 고대의 마지막 학자로 평가받는 이시도루스 히스팔렌시스(Isidorus Hispalensis)는 T-O 지도에 대해 다음과 같이 언급했습니다.

> 지구(globe; orbis)는 원의 둥근 모양에서 그 이름을 얻었다. 바퀴와 닮았기 때문이다. 지구는 세 부분으로 나뉘는데, 각각 아시아, 유럽, 아프리카다. 아시아는 동쪽에 위치하며 남북으로 펼쳐져 있다. 유럽은 북쪽에서 서쪽으로 펼쳐지며, 아프리카는 서쪽에서 남쪽으로 펼쳐진다. 그래서 유럽과 아프리카를 합쳐 지구의 절반, 그리고 아시아 홀로 지구의 절반을 차지한다. 그러나 유럽과 아프리카는 둘로 나뉘는데, 그 사이에 대양으로부터 지중해가 흘러 들어가기 때문이다. — 이시도루스 히스팔렌시스, 『어원학』[5]

T-O 지도에서 지중해는 유럽과 아프리카를 나누고, 돈강과 나일강은 아시아와 나머지 대륙을 분리합니다. 이 세 수역을 합쳐보면 알파벳 T와 같고, 세계를 둘러싼 대양(Oceanus)은 알파벳 O를 형성합니다. 보통 이 지도에서 세 대륙의 중앙에는 예루살렘이 위치합니다. 이러한 세계관에서는 주로 아시아가 지도의 상단에, 유럽은 하단 왼쪽에, 아프리카는 그 오른쪽에 배치됩니다.

중세 유럽의 이러한 세계관은 '마파 문디(Mappa Mundi)'라고 불리는 더 정교한 세계지도로 발전했습니다. 여기서 '마파'는 라

중세 시대에 통용되던 T-O 지도. 원래는 아시아가 위를 향하도록 그려져 있다.

틴어로 헝겊을, '문디'는 세계를 의미합니다. 이 지도들은 지리적 정확성보다는 종교적, 역사적, 철학적 상상력이 반영된 결과물이었죠. 이후에 '마파'는 지도(map)라는 뜻으로 쓰이게 됐습니다.

T-O 지도는 단순하지만 중세인이 세계의 지리적 구조를 이해하는 데 필요한 정보는 다 담고 있었습니다. 현재 우리는 음성 안내 기능이 포함된 내비게이션과 상세한 지도 앱을 사용하고도 길을 잃곤 하지만, 당시 상업, 전쟁, 외교를 위해 위험을 무릅쓰고 길을 나선 선원들은 이러한 단순한 지도만 가지고도 어떻게든 항해를 해냈습니다. 물론 아주 많이 헤맸겠지만요.

이 지도에 따르면, 인류는 아시아에서 시작했습니다. 예루살렘이 아시아에 위치하고 있으며, 아담과 이브의 탄생지로 여겨지는 에덴동산은 더 동쪽에 있다고 여겨졌기 때문입니다. 당시에는 예루살렘이 지도의 중심이었고, 시간이 흘러 이 개념은 약간 변형되어 오늘날 코카서스(Caucasus) 지역이 인류의 발상지로 여겨지기도 했습니다. 북쪽으로는 러시아, 남쪽으로는 이란과 터키, 동쪽으로는 카스피해, 서쪽으로는 흑해와 접한 지역입니다. 아시아와 유럽의 중간이죠.『성경』에 노아의 방주가 아라랏산에 도달했다는 기록이 있는데, 아라랏산은 현재의 튀르키예에 위치해 있지만 코카서스 지역에 가깝습니다.

『성경』의「창세기」는 대홍수가 세계의 모든 동물을 멸망시켰고, 오직 노아의 방주에 타고 있던 인간과 동물만이 살아남았다고 전합니다. 즉, 노아와 그의 가족이 인류의 조상이라는 것이죠. 그리고 노아의 세 아들인 셈, 함, 야벳은 T-O 지도상의 각 대륙으로 퍼져 나가면서, 각각 아시아인, 아프리카인, 유럽인의 조상이 되었다는 이야기가 전해져 내려옵니다.

다윈 이전의 인류학은『성경』에 기반해서 각 대륙에 속하는 인종과 민족을 나누었을 뿐 아니라, 세상 모든 존재의 위계도 만들어냅니다. 바로 '자연의 사다리(scala naturae)' 세계관입니다. 역시 아주 그럴듯하지만 실증적 데이터에 기반한 것은 아니었죠.

창조론적 세계관에서 창조주인 전지전능한 신은 모든 존재의 최상위에 있으며, 천사가 그 주위를 둘러싸고 있습니다. 그 아래에는『성경』에 '하나님의 형상대로 창조되었다'고 기술된 인간이 존재하며, 인간 다음으로는 동물이 자리하고 있습니다. 여기서 동물은 들짐승, 날짐승, 물짐승, 어류 등으로 분류되며, 그 밑으로 파충류, 양서류, 곤충, 연체동물 등이 순서대로 배열됩니다. 가장 하위에는 식물과 광물이 위치합니다.

다윈의 진화론이 등장하기 전까지, '자연의 사다리' 세계관은 부정할 수 없는 진리로 여겨졌습니다. 아리스토텔레스가 자연학에 대한 연구를 집대성했고, 그의 사상은 이후 기독교 교부철학자에 의해 받아들여졌으며, 토마스 아퀴나스나 이시도루스와 같은 위대한 학자들이 기독교 세계관에 통합했죠.

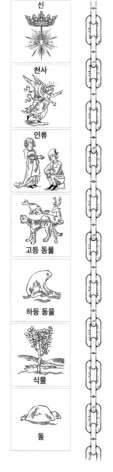

다윈 이전의 서구 사회를 지배했던 '자연의 사다리' 혹은 '존재의 거대한 사슬'.

이는 겉보기에는 우리의 직관에 부합하는 것처럼 보입니다. 그런데 잘 살펴보면 당시 사회의 엄격한 신분 질서를 반영하여, 왕과 교황이 인간 사회의 최고 지위에 있고 농민과 노예가 가장 하위에 있는 인간 사회의 거대한 사슬 또한 포함하고 있습니다. 인간과 자연을 둘러싼 세계의 질서는 상하 관계로 엄격히 짜여 있으며, 그 꼭대기에 모든 것을 창조한 창조주가 자리하고 있습니다. 동물이 식물을 먹고 식물이 땅을 지배하듯이, 왕은 신하를, 신하는 백성을, 백성은 종을 지배하는 흐름이 세상의 질서였습니다.

지식의 홍수가 뒤흔든 기독교적 세계관

중세 유럽을 지배하던 기독교 중심의 세계관은 15세기 중반부터 시작된 대항해 시대를 거치며 서서히 도전을 받았습니다. 당시 용감한 탐험가들은 엄청난 양의 새로운 정보를 얻었습니다. 강렬하고 새롭고 깊은 실증적 경험은 기존의 세계관과는 전혀 맞지 않았죠.

좁은 시야로는 볼 수 없었던 새로운 지식이 '노아의 홍수'처럼 흘러넘쳐 기독교적 세계관을 흔들기 시작했습니다. 이러한 변화의 소용돌이 속에서 오래된 책보다는 자신의 눈을 믿는 새로운 지식인들을 중심으로 세상에 관한 새로운 지평을 열고자 하는 움직임이 활발해졌습니다.

인류학은 이러한 기독교 세계관을 넘어서 인간과 자연에 대한 새로운 사고와 관점을 제시하며 발전하기 시작했습니다. 방대한 양의 동식물과 광물, 인간에 대한 수집품이 유럽으로 들어오고 연구 결과가 쌓이면서, 그 기반을 다졌죠. 특히 인간의 신체와 정신을 연구하던 의사들이 인류학 연구에 뛰어들었습니다.

17세기 후반, 영국의 의사 에드워드 타이슨(Edward Tyson)은 『피그미의 해부(*The Anatomy of a Pygmy*)』를 출간합니다. 이미 1680년에 돌고래의 뇌를 해부해서 포유류임을 밝혀낸 타이슨은 이 책에서 뇌의 해부학적 분석을 통해 꼬리가 없는 원숭이가 꼬리가 있는 원숭이보다 인간에 더 가깝다는 사실을 증명했습니다. 이는 오늘날에는 당연한 상식으로 받아들여지지만, 당시에는 혁명적 발견이었습니다.

그러나 과거의 편견을 한 번에 지울 수는 없었습니다. 타이슨의 연구처럼, 원시인(primitive man)에 대한 초기 인류학적 연구는 서구 중심의 세계관과 비서구 세계에 대한 차별적 인식의 기초를 마련했습니다. 아프리카에 사는 사람을 원시시대에 살던 사람으로 여긴 것입니다. 분명 동시대를 함께 살아가는데도 말이죠.

현대 서구 문화가 기반으로 삼는 진보주의는 인간이 단순하고 일관성 없는 문화에서 출발하여 문명인으로 진화했다는 신념을 바탕으로 합니다. 그러한 기준에 따르면 아프리카와 아시아, 아메리카에 사는 사람은 모두 미개한 사람이고, 언젠가 유럽인처럼 우아한 삶을 살아야 할 운명입니다. 진보를 향한 경주에서 뒤처졌으니, 미개한 원주민을 얼른 계몽시켜야 한다고 믿었죠.

타이슨이 세상을 떠나기 직전, 1707년에 칼 폰 린네(Carl von Linné)가 태어납니다. 동식물을 체계적으로 분류하여 오늘날까지 사용되는 분류학을 창시한 위대한 의사이자 생물학자입니다. 스웨덴 웁살라대학에서 의학 및 식물학 교수로 있었죠. 그러나 그역시 인간, 즉 호모 사피엔스를 분류하면서 실수를 저질렀습니다. 황인종은 정직하지 않고, 흑인은 게으르며, 백인은 문화적이고 문명적이라고 주장했습니다. 신체적, 정신적, 문화적 특징을 함부로 혼합해 사용했으며, 심지어 아메리카 원주민의 특징이 긴 머리라고 했습니다. 머리카락이야 기르거나 자르면 그만인데요.

고정불변하는 종의 속성을 믿었던 린네를 강하게 비판한 인물이 있습니다. 진화론의 발전에 기여한 것으로 알려진 프랑스의 뷔퐁 백작, 즉 조르주루이 르클레르 콩트 드 뷔퐁(Georges-Louis Leclerc, Comte de Buffon)이죠. 이름이 참 길죠? 그러나 그도 인종적 편견에서 자유롭지 못했습니다. 『성경』에서 말하는 순수한 혈통이 시간이 지나면서 햇빛과 무분별한 식습관 때문에 변질되었다고 했으니까요. 유럽인이 문화적으로 발달했기 때문에 가장 덜 타락했다고도 했죠. 린네와 뷔퐁은 학문적으로 대결했지만, 인종적 편견에 있어서는 하나로 뭉친 것입니다.

하지만 예외도 있었습니다. 경험주의 인류학자이자 프린스턴 대학의 총장이었던 새뮤얼 스탠호프 스미스(Samuel Stanhope Smith)는 인간이 동일한 종에 속하며, '5인종'과 같은 분류는 과학적으로 불가능하다고 주장했습니다. 오늘날에도 인종 구분이 비과학적이라는 견해가 쉽게 받아들여지지 않는 것을 보면, 스미스의 주장이 시대를 너무 앞서갔는지도 모릅니다. 그의 견해는 린네, 뷔퐁, 요한 프리드리히 블루멘바흐(Johann Friedrich Blumenbach) 등 당대의 유명 학자에 가려 크게 주목받지는 못했습니다.

격변설과 점진설

이러한 와중에 다윈과 앨프리드 러셀 월리스(Alfred Russel Wallace)가 진화론을 전 세계에 알립니다. 이들은 종의 변화를 가져오는 주된 기전으로 환경에 가장 잘 적응한 특성을 가진 개체가 생존하여 번식에 성공하고, 이러한 특성이 세대를 거쳐 대다수의 개체에게 전해지면서 종이 진화하는 것이라는 이론을 제시했습니다. 바로 자연선택 이론이죠.

이런 이론은 갑자기 나타난 것이 아닙니다. 오랫동안 세계 각지에서 수집된 다양한 지식과 표본을 체계적으로 정리한 박물학이 아니었다면, 진화이론은 탄생하지 못했을 것입니다. 유럽 곳곳에 건립된 박물관, 동물원, 식물원은 전 세계에서 모인 다양한 동식물 표본으로 가득 찼습니다. 단순히 그림을 보고 글을 읽고 이야기를 듣는 것을 넘어서, 실제 표본을 관찰하고 해부하며 토론하고 논문을 작성하는 체계적인 과학 활동이 가능해진 것입니다.

아이러니하게도 종 개념의 확립에 큰 역할을 한 린네는 종이 변하지 않는다고 믿었습니다. 린네는 자연의 수많은 종을 체계적으로 분류하여 영구적이고 완벽하게 확고부동한 자연의 질서, 영원한 신의 섭리를 드러내려고 했습니다. 그러나 시간이 지남에 따라 그의 책에 등장하는 수많은 종의 관계에서 생명의 역동성이 드러나기 시작했죠.

사람들은 여러 종의 유사점과 차이점을 통해서, 그리고 쏟아지는 화석 정보를 통해서 종이 바뀌어간다는 사실을 점점 깨닫게 되었습니다. 영원한 것도, 완벽한 것도 없었습니다. 모든 것은 변한다는 사실만이 변하지 않는 사실이었죠. 어떤 사람은 종의 변화가 갑작스럽게 일어난다고 생각했고, 다른 사람은 종의 변화가 점진적으로 일어난다고 생각했습니다. 각각 격변설과 점진설이라고 합니다.

한편 1793년에 나폴레옹은 프랑스가 과학 분야에서도 세계를 선도해야 한다는 생각에, 파리자연사박물관을 설립했습니다. 자연사를 연구하는 과학자에게는 연구의 메카 같은 곳이었죠. 현재 이 박물관은 무려 6,680만 종이 넘는 방대한 표본을 전시하기 위해 12개의 분관을 둘 정도로 엄청난 규모입니다.

프랑스, 아니 유럽 전체를 가로지르는 새로운 질서를 추구했던 나폴레옹은 격변설을 좋아했습니다. 게다가 격변설은 종교적으로 노아의 홍수설과 아귀가 잘 맞았죠. 프랑스의 박물학자 조르주 퀴비에(Georges Léopold Chrétien Frédéric Dagobert Cuvier)의 격변설, 즉 천변지이설은 프랑스를 중심으로 크게 각광받았습니다. 퀴비에는 세계 각지에서 모인 화석과 『성경』 기록 간의 불일치를 해소하기 위해 대격변을 주장했습니다. 노아의 홍수와 같은 대규모 격변이 반복적으로 발생하면서 동식물이 대량으로 멸종하고 지층에 화석으로 보존됐다는 것입니다.

한편 용불용설로 잘 알려진 장바티스트 라마르크(Jean-Baptiste Lamark)는 '점진적 변화 이론'을 지지했습니다. 변화는 조금씩 일어나는데, 생물이 자신의 의지로 획득한 형질이 후손에게 전달되어 각 종에 속하는 동물이 점차 자연의 사다리를 오른다는 주장이었죠. 사실 라마르크의 주장에도 잘못된 점이 많지만, 격변설에 비하면 놀라울 만큼 선구적인 혜안이었습니다.

격변설은 지질학이 발전함에 따라 점점 흔들리기 시작했습니다. 특히 영국의 지질학자 찰스 라이엘(Charles Lyell)이 대표적입니다. 찰스 다윈에게 큰 영향을 미친 인물이죠. 라이엘은 과거에도 지질 변화가 지금과 같은 방식으로 일어났으며 미래에도 계속

될 것이라고 보는 '동일 과정설'을 주장했습니다. 이는 매우 미세한 변화가 오랜 시간에 걸쳐 쌓이며 현재의 지구를 형성했고, 이러한 과정이 지속적으로 반복된다는 이론입니다.

기존의 세계관은 무너지고 있었고, 새로운 주장들은 서로 경합하고 있었으며, 누구도 진실을 확신하지 못하는 어지러운 상황이었습니다. 그러나 설익은 주장이 쏟아지던 당시의 학문적 환경은 어떤 의미에서 과학적 진화이론이 발아하기에 최적의 토양이었습니다. 누구도 정답을 모른다면, 누구나 정답을 제안할 수 있거든요. 그리고 두 명의 선구적인 학자들의 마음속에 최초의 싹이 트죠. 바로 다윈과 월리스입니다. 그들의 기막힌 삶을 알아볼까요?

다윈과 월리스의 등장

1823년, 영국 웨일스 지방의 한 작은 마을에서 월리스가 태어납니다. 부모는 원래 중류 계급이었지만, 점점 가세가 기울면서 하류층으로 전락했죠. 월리스가 다섯 살이 되던 무렵에는 런던으로 이사했는데, 초등학교를 조금 다니다가 학비가 없어서 학업을 포기하기에 이릅니다. 열네 살 때 월리스는 측량사의 조수나 목수 일을 하면서 생계를 도왔습니다.

하지만 유난히 과학에 흥미가 많았던 월리스는 낮에는 일하고 밤에는 지역 과학회관 노동자 클럽에서 책을 빌려 읽으며 혼자 공부합니다. 그러던 중 우연히 중고 책방에서 1실링을 주고 작은 식물학 책을 사서 읽습니다. 1실링이면 요즘의 환율로 약 1달러 정도 되는 돈이죠. 그 책은 어린 월리스의 마음을 완전히 사로잡았습니다. 월리스는 책방 주인에게 더 자세한 식물학 책을 추천해달라고 합니다. 그런데 추천받은 식물 백과사전은 무려 3파운드였습니다. 현재 가치로 7~10만 원 정도였으니, 가난한 월리스로서는 도저히 살 수 없는 책이었죠.

월리스는 책방 주인에게 간청하여 책을 잠시 빌립니다. 그리고 책을 모조리 베낍니다. 가난한 소년 월리스는 열정만으로 과학에 대한 꿈을 키워가면서, 반드시 열대 지방의 식물을 직접 보고야 말겠다고 결심합니다.

한편 다윈의 삶은 월리스와 완전히 달랐습니다. 다윈은 월리스보다 14년 먼저 태어났는데, 아버지는 내과 의사였고 어머니는 도자기 제조업으로 유명한 웨지우드 가문 출신이었습니다. 게다가 할아버지는 저명한 의사였던 이래즈머스 다윈(Erasmus Darwin)이었죠. 다윈은 평생 풍족하게 살았습니다.

다윈은 아버지 병원의 일을 잠시 돕다가 에든버러 의대에 입학하지만, 수업에 집중하지 못하고 늘 겉돌았습니다. 결국 2년 만에 학교를 중퇴하고 다시 케임브리지대학 신학과에 들어가는데, 여기서도 모범생은 아니었습니다. 본인 스스로 "내 시간은 헛되이 지나가고 있었다"라고 할 정도였죠.[6]

그와 달리 어렵게 공부하던 월리스는 운 좋게도 측량 교사 자리를 얻습니다. 박봉이었지만 안정적으로 공부할 수 있었죠. 그리고 헨리 월터 베이츠(Henry Walter Bates)를 만납니다. 비슷한 나이의 베이츠는 딱정벌레 수집광이었는데, 이들은 금세 깊은 우정을 쌓아갑니다. 월리스와 베이츠는 다윈이 1839년에 출판한 『비글호 항해기(*The Voyage of the Beagle*)』를 읽고 깊은 감명을 받습니다. 유명한 지질학자 찰스 라이엘의 『지질학 원리(*Principles of Geology*)』도 읽으면서 탐험에 대한 꿈을 같이 키워가죠.

하지만 돈이 없었습니다. 그들은 고민 끝에 아마존에서 곤충과 동물을 모아 부유한 수집가에게 팔기로 합니다. 이런 계획을 내걸고 브라질로 떠나는 군함 미스치프호에 동승한 그들은 꿈에 그리던 4년간의 열대 지방 탐사가 시작되자, 수많은 표본을 수집하고 지도를 만들고 다양한 연구를 진행합니다. 이때의 경험을 바탕으로 베이츠는 곤충이 자신을 보호하기 위해 다른 종을 흉내 내는 의태에 대해 연구하는데, 이를 '베이츠 의태'라고 하죠.[7]

하지만 운명의 여신은 월리스의 편이 아니었습니다. 귀국길에 배가 침몰하면서 채집한 모든 것을 잃어버린 것입니다. 보험도 절반만 들어두었기 때문에, 가재도구를 팔아 어렵게 지냅니다. 다행히 깡통에 넣어두었던 야자나무 그림만 겨우 건져서 『아마존의 야자나무(*Palm Trees of the Amazon*)』라는 책을 펴내죠. 이 책은 영국에서 제법 인기를 얻었는데, 당시 큐왕립식물원에서 일하던 식물학자 조지프 후커(Joseph Dalton Hooker)의 눈길을 끌었습니다. 후커는 다윈의 절친이었죠.

월리스는 포기하지 않고 다음 탐험을 준비합니다. 8년간의 말레이반도 탐험을 통해 수십만 개의 표본을 채집하고 상당한 연구 성과를 올리죠. 말레이시아의 사라왁 지역에 머물며 1855년에는 유명한 사라왁 법칙을 내놓습니다. "모든 종은 기존에 존재하는 비슷한 종과 동일한 시공간적 상황에서 생겨난다"는 법칙이죠.

사실 비슷한 시기, 다윈은 독자적으로 자신의 이론을 발전시키고 있었습니다. 1836년 비글호 항해를 마치고 돌아온 다윈은 귀국 후 몇 년 지나지 않아 런던 근교에 있던 자신의 집에서 은둔하다시피 지냅니다. 원인을 알 수 없는 병에 시달리기도 했지만, 내성적인 성격이 가장 큰 이유였습니다.

그런데 1856년 초여름에 월리스의 '사라왁 논문'을 읽은 다윈의 마음이 갑자기 조급해집니다. 자신이 오랫동안 고민하던 연구와 비슷한 내용을 다룬 월리스의 논문을 보자 초조해진 것입니다. 다윈은 월리스에게 편지를 보내 논문을 칭찬합니다. 하지만 속마음은 타들어갔죠. 물론 자신도 20년간 비슷한 연구를 했다는 말도 빼놓지 않았습니다.

1858년 초여름, 월리스는 테르나테 섬에서 쓴 '테르나테 논문'을 다윈에게 보냅니다. 다윈의 마음도 모르고, 내용이 그럴듯하다면 라이엘에게 전해서 발표해 줄 수 있는지 물은 것이죠. 논문은 거의 완전한 수준의 자연선택설을 담고 있었습니다. 다윈은 절망스러운 마음으로 친구들에게 고통스러운 사실을 전합니다. 다윈의 친구였던 라이엘과 후커는 고민 끝에 타협책을 제안합니다. 같은 해 7월에 열린 린네 학회에서 다윈과 월리스의 논문을 같이 발표하자는 것이죠.[8]

논문 낭독회에서 발표된 월리스의 논문은 「원형으로부터 무한히 벗어나려는 변종들의 경향성에 대해」였고, 다윈의 논문은 「변종을 형성하려는 종의 경향성에 대해, 그리고 자연선택에 의한 종과 변종의 영속화에 대해」였습니다. 라이엘과 후커는 '조정' 작업을 통해, 다윈이 논문을 먼저 읽고, 월리스가 그다음에 읽도록 했습니다. 간발의 차이로 다윈이 진화론의 창시자가 된 것이죠.

혹자는 다윈을 월리스의 공을 빼앗은 후안무치한 과학자로 깎아내리기도 합니다. 정말 다윈은 진화론을 훔친 악당일까요? 그러나 월리스도 다윈이 진화론의 창시자가 되는 데는 별로 반대하지 않았던 것 같습니다.

『비글호 항해기』를 읽으며 학자의 꿈을 키워온 월리스는 다윈이 자신의 논문을 읽어주는 것만으로도 영광이라고 생각했습니다. 1889년에는 『다윈주의: 자연선택 이론의 해설(*Darwinism: An Exposition of the Theory of Natural Selection with Some of Its Applications*)』이라는 책을 펴내기도 했습니다. 스스로 '월리스주의'가 아니라 '다윈주의'라고 책 제목을 붙이고, 서문에는 "다윈의 위대한 원리의 힘과 범위를 이해시키려는 목적"으로 책을 썼다고 했습니다.

다윈도 마찬가지였습니다. 다윈은 『종의 기원』 서문에서 "자연선택에 관한 이론은 월리스 씨가 경탄할 만한 힘과 명료함을 가지고 발표하였다"라고 명시했습니다. 다윈은 자신이 '남의 공'을 빼앗는 것은 아닌지 항상 걱정했던 것 같습니다. 월리스와 다윈은 서로 존경했습니다. 나이가 든 후 월리스의 경제적 형편이 어려워지자, 월리스가 과학 연금을 받을 수 있게 다윈이 돕기도 했죠.

다윈은 이후에 『인간의 유래와 성선택(*The Descent of Man,*

and Selection in Relation to Sex)』이나 『인간과 동물의 감정 표현 (The Expression of the Emotions in Man and Animals)』과 같은 기념비적인 저서를 남깁니다. 월리스도 자연선택에 대한 논문과 책을 더 써내지만, 다윈의 수준에 이르지는 못합니다. 두 사람은 의견이 갈린 적도 있었습니다. 다윈은 '마음'도 진화한다고 생각한 반면, 월리스는 '영혼'만은 예외라고 생각했죠. 하지만 월리스의 연구가 없었다면, 은둔자 다윈의 연구는 세상의 빛을 보지 못했을지도 모릅니다. 또한 다윈의 방대하고 체계적인 연구가 아니었으면, '아마추어 탐험가'에 불과하던 월리스의 연구도 제대로 평가받기 어려웠을 것입니다.

과학으로 편견을 넘어서다

진화론은 생물학적 기초 위에서 발전하며 인류학과 교차했지만, 그 과정에서 탄생한 진화인류학은 과학사의 가장 어두운 흑역사를 쓰고 맙니다. 과학이라고 해서 항상 진실만을 알려주는 것은 아닙니다. 사실 과학은 그 자체로 진실이 아니라, 진실을 찾아가는 합리적인 방법론에 가깝습니다. 언제나 기각될 가능성이 있는 가설의 집합입니다.

그러나 근대 초기의 과학 만능주의는 오랜 세월에 걸쳐 누적된 인간의 혐오와 편견을 만나 엉뚱한 방향을 향하게 됩니다. 인간과 세계에 관한 수천년 동안의 편견은 이제 과학의 탈을 쓰고 재등장합니다. 사실 과학이라고 할 수도 없었죠. 특히 생물학적 진화론과 진화인류학이 가져온 부정적 영향 중에는 '우생학'이라는 말도 안 되는 주장도 있습니다. 우생학은 더 '우수한' 인간을 선택적으로 번식시키려는 과학의 한 분야로, 사람 간의 차이를 정당화하고 인종적 특성에 따른 등급화를 통해 차별을 조장했습니다.

인종유형학(racial typology), 즉 인종을 분류하는 방법은 진화인류학이 등장하기 약 100년 전에 독일의 의사이자 인류학자였던 블루멘바흐에 의해 체계화되기 시작했습니다. 블루멘바흐는 5인종 가설을 제시했는데, 이는 시간이 지나면서 여러 형태로 확장되거나 축소되었습니다. 호주 대륙이 발견되면서 아시아인과 아메리카 원주민을 하나로 합치는 등의 변화가 있었고, 아프리카인을 사하라사막의 북부와 남부로 나누거나, 수렵채집인을 별도의 인종으로 분류하는 시도도 있었습니다.

이러한 인종 구분 시도는 프랜시스 골턴(Francis Galton)에 의해 우생학이라는 이름으로 과학적 정당성을 부여받으면서 본격화되었습니다.[9] 블루멘바흐는 다윈처럼 의대를 다녔지만, 의사가 되지는 못했습니다. 사실 그는 처음부터 인종의 우열을 나누려는 시도에 반대했고, 모든 인간이 지적으로 평등하다는 다양한 증거를 찾아 연구했습니다. 과학적 반인종주의의 창시자라고 불리는 이유입니다.

그러나 우생학은 이러한 과학적 생물인류학 연구에서 자라난 악성 종양과도 같았습니다. 인간을 더 우월한 종으로 개량한다는 우생학적 시도는 이후 나치 독일의 유태인 대학살, 남아프리카공화국의 인종 분리 정책, 그리고 지금도 지속되는 다양한 형태의 인종주의적 편견으로 이어지고 있습니다.

피부색에 관한 현대 과학의 연구에 의하면, 피부색은 주로 지구상 위도에 의해 결정됩니다. 즉, 햇빛을 쬐면 일어나는 비타민 D를 합성하는 작용과 피부를 보호하기 위한 진화적 변화가 피부색을 다르게 만들 뿐, 피부색과 인종은 별 관련이 없다는 뜻입니다. 북유럽인의 피부가 하얀 것은 고위도에서 살기 때문입니다. 이탈리아인, 로마인, 슬라브족 등의 피부색이 상대적으로 짙은 것은 적도 근처의 태양빛이 더 강한 곳에 살기 때문이죠.

진화인류학자가 피부색과 같은 인종적 특성이 지리적 요인에 의해 결정된다는 사실을 밝혀냈음에도 불구하고, 여전히 많은 사람이 오래된 인종주의를 믿습니다. 오랫동안 내재된 기존의 신념을 깨는 것은 매우 어려운 일입니다. 예를 들어 서유럽인의 밝은 피부색을 언급하며 칭찬하고, 사하라 이남 아프리카인의 짙은 피

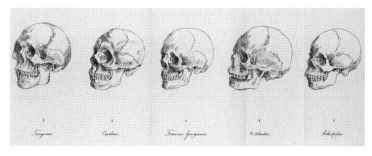

블루멘바흐의 5인종 분류. 호모 사피엔스 하위에 또 다른 인종 분류가 있다는 그의 주장은 지금은 받아들여지지 않고 있다.[10]

부색을 두고 깎아내리는 식입니다.

사실 피부색은 그 자체로 우월할 것도, 열등할 것도 없습니다. 각자의 환경에 맞춰 진화한 것에 불과합니다. 그러나 피부색은 인종을 나누는 잘못된 기준으로 사용되었고(아마 가장 두드러진 시각적 차이였겠죠), 인종 구분은 우열에 관한 잘못된 논의로, 그리고 더 '나은' 가축과 작물을 개량하던 당시의 육종학은 이제 인간에 적용되기 시작합니다.

심지어 최근까지 일부 진화인류학자도 이런 편견에 앞장섰습니다. 진화인류학자 칼턴 쿤(Carleton Coon)은 1962년에 출판된 그의 저서 『인종의 기원(*The Origin of Races*)』에서 인류의 기원과 진화에 대한 이론을 제시했는데, 인류가 아프리카에서 시작되어 여러 대륙으로 분화하고 이주했다고 주장했습니다. 그런데 각 인종 그룹이 현대 인간으로 진화한 시기와 속도가 다르다고 했죠. 특히 그는 백인 인종이 다른 인종보다 먼저 현대 인간의 형태로 진화했다고 주장하며, 인종 간의 발전적 차이를 강조했습니다. 당시 유명하던 사회문화인류학자 애슐리 몬터규(Ashley Montagu)는 이러한 쿤의 주장에 강력하게 반대하여 저서인 『인간의 가장 위험한 신화: 인종의 오류(*Man's Most Dangerous Myth: The Fallacy of Race*)』에서 '인종'이라는 개념이 과학적 근거가 부족하며 주로 사회적·문화적 편견에 기반했음을 주장하기도 했습니다.

과학이 갖는 권위는 때때로 편견, 혐오, 폭력적인 범죄나 학살을 정당화하는 데 사용될 수 있습니다. 이러한 권위는 과학의 성과와 더불어 위험성도 확대시킬 수 있는 이중성을 지니죠. 그러나 오늘날의 진화인류학은 인간의 신체와 정신, 그리고 그것들의 특성들이 만들어낸 집단의 역사를 과학적 관점으로 객관적으로 연구합니다. 진화인류학을 공부한다는 것은 검증과 반성의 과정을 통해 비판적인 사고를 몸에 익힌다는 의미입니다.

진화인류학에 관한 대중적 편견은 지난 200년 동안 진화인류학이 저지른 실수 때문이 아닙니다. 고대 그리스 시대부터 중세와 근대를 거쳐 오래도록 지속된 인간적 속성, 즉 여러 지역과 문화의 인구 집단을 제멋대로 분류하고, 우열을 나누고, 위계를 만드는 인간 본성에 의한 것입니다. 그렇기에 쉽게 사라지기 어렵습니다.

무지는 편견을, 편견은 혐오를, 혐오는 증오를 낳습니다. 과학적 증거에 기반한 진화인류학은 인간의 어두운 본성, 즉 나와 다른 사람을 동떨어진 존재로 폄하하고 사람의 우열을 나누고 싶어 하는 본성을 깨트릴 가장 확실한 방법입니다. 이를 배우지 못하면 우리는 타고난 본성대로 생각하고 행동할 것입니다. 하지만 과학에 입각한 진화인류학은 우리의 눈을 열어주고 인간과 세계에 관한 참신한 시각을 가지게끔 도와줄 것입니다.

● **토론해 봅시다**

Q1. 인류가 존재하는 이유는 무엇일까?

Q2. 과학적 설명이 윤리와 도덕을 대체할 수 있을까?

Q3. 우생학이 잘못된 이유는 무엇일까?

Q4. 인류의 본질을 특정한 요인에 의해 결정된 것으로 설명하려는 시도는 왜 모두 부정적인 결과를 낳았을까?

2장

지구 환경 변화에 따른 인류 진화

지구의 껍데기인 지각은 생명과 함께 공진화하면서 계속 변화해 왔습니다. 생명의 역사는 곧 지구의 역사이며, 지구의 역사 또한 생명의 역사와 맞닿아 있습니다. 그 결과 지구를 덮고 있는 대부분의 지층에는 생명의 흔적이 남아 있습니다.

45억 년에 걸쳐 쌓인 지층은 '누대(累代)' '대(代)' '기(紀)' '세(世)' '절(節)' 등으로 구분됩니다. 가장 큰 단위인 '누대'는 '여러 대'라는 뜻이죠. 이는 지질과 기후의 변화에 따른 수많은 종의 탄생, 진화, 멸종을 반영합니다. 이러한 변화는 아주 뚜렷한 흔적을 남기므로 이에 따라 시대를 구분합니다. 각 시대의 명칭을 아는 것은 생명의 탄생과 진화를 이해하는 데 중요합니다.

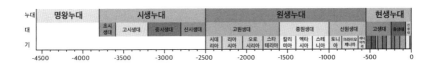

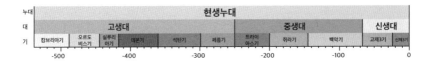

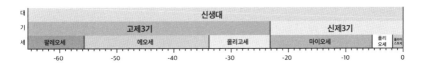

지구의 지질 시대 타임라인. 첫 줄에서 전체 흐름을 확인할 수 있다. 두 번째 줄은 현생누대만 확대한 것이고, 세 번째 줄은 현생누대 중 신생대를 확대한 것이다.

수십억 년의 기다림

각 지질 시대를 살펴보겠습니다. 먼 과거의 일이라고 생각할 수도 있지만 수십억 년의 지질 변화를 겪으며 지금에 다다른 생명의 진화를 생각하면 조금 더 가깝게 느낄 수 있을 것입니다.

① 명왕누대

지구가 형성된 약 45억 년 전부터 39억 년 전까지를 명왕누대(Hadean Eon)라고 부릅니다. 그리스 신화에 나오는 저승의 신 하데스에서 따온 이름입니다. 저승은 죄를 지은 자가 고통받는, 끓는 용암으로 가득한 곳입니다. 그렇기에 명왕누대는 지구가 펄펄 끓는 시대였으며, 생명은 물론이고 물이나 굳은 암석조차 없었습니다.

② 시생누대

명왕누대가 끝나고 이어진 시기는 시생누대(Archean Eon)라고 하며, 약 38억 년 전부터 25억 년 전까지입니다. 시생이란 생명의 시작을 의미합니다. 이 시기에 땅이 식어가고 바다가 형성되기 시작했으며, 광합성을 통해 산소를 대량으로 방출하는 시아노박테리아가 지구상에 나타나기 시작했습니다.

③ 원생누대

시생누대의 변화 덕분에 그 뒤로 이어진 원생누대(Proterozoic Eon)에는 바다가 푸른색을 띠고, 다세포 생명체의 근간이 되는 진핵생물●도 등장했습니다. 이는 약 25억 년 전부터 5억 4,200만 년 전까지의 시기입니다.

명왕누대, 시생누대, 원생누대를 합쳐서 선캄브리아 시대(Precambrian Time)라고도 부르는데, 이는 캄브리아기 이전의 시기를 총칭하는 말입니다. 캄브리아기는 상대적으로 짧은 시간을 가리키는 '기' 단위이지만, 생명체의 폭발적인 양적·질적 증가가 있었기에 그 이전 시대를 선캄브리아기라는 명칭으로 통칭합니다.[1]

● 세포 내에 핵과 다양한 막으로 둘러싸인 세포소기관을 가진 생물.

④ 현생누대

지구의 역사에서 캄브리아기부터 현재까지 약 5억 4,200만 년의 시간은 현생누대(Phanerozoic Eon)로 분류됩니다. 이 시기는 지질학적으로 중요한 변화들이 많이 일어난 만큼, 세부적으로 '대(era)' '기(period)' '세(epoch)'로 나뉩니다. 현생누대는 크게 고생대, 중생대, 신생대로 나뉩니다.

고생대

이 시기는 약 5억 4,200만 년 전부터 2억 5,100만 년 전까지로, 산소 농도가 급격하게 상승했고 다양한 해양 생물들이 등장하여 생태계에 큰 변화가 있었습니다. 특히 캄브리아기에는 '캄브리아기 대폭발'이라는 생명체의 다양성 폭발이 일어났습니다.

이러한 각 시대의 이름은 대부분 해당 지층이 처음 발견되거나 잘 나타나는 지역의 이름을 따서 지어졌습니다. 석탄기를 제외하고는 주로 영국이나 유럽의 지명에서 유래했습니다.

캄브리아기(Cambrian Period)

약 5억 4,200만 년 전부터 4억 8,500만 년 전까지 지속된 시기로, 웨일스 지방의 라틴어 명칭 'Cambria'에서 유래했습니다. 웨일스어로는 그 지역을 컴리(Cumry)라고 부릅니다.

오르도비스기(Ordovician Period)

약 4억 8,500만 년 전부터 4억 4,400만 년 전까지의 시기로, 웨일스의 켈트족인 오르도비케스(Ordovices)에서 유래했습니다. 이들은 실루리아 지역의 북쪽인 웨일스 북부에 거주했습니다.

실루리아기(Silurian Period)

약 4억 4,400만 년 전부터 4억 1,900만 년 전까지의 시대입니다. 켈트족의 한 부족인 실루레스(Silures)에서 이름을 따왔습니다. 실루레스족은 웨일스 남동부를 지배했고 강력한 전투력으로 유명했습니다. 로마군에게 항복하지 않고 끝까지 저항했죠.

데본기(Devonian Period)

약 4억 1,900만 년 전부터 3억 5,900만 년 전까지 지속된 시대입니다. 영국의 데본 지역에서 처음으로 해당 시기의 지층이 잘 연구되어 이름이 붙여졌습니다.

석탄기(Carboniferous Period)

약 3억 5,900만 년 전부터 2억 9,800만 년 전까지로, 이 시기에 형성된 석탄층이 많아 '석탄을 만드는 시기'라는 의미에서 석탄기라고 부릅니다.

페름기(Permian Period)

약 2억 9,800만 년 전부터 2억 5,100만 년 전까지의 시기로, 러시아의 페름 지역에서 해당 시기의 지층이 잘 발견되어 이름이 붙여졌습니다. 우랄 산맥에 가까운 곳인데, 지금은 페름시가 위치합니다.

캄브리아기 대폭발과 페름기 대멸종

고생대의 시작과 끝을 장식하는 캄브리아기와 페름기는 지질학적으로 매우 중요한 시기입니다. '캄브리아기 대폭발'이라는 사건이 발생한 이 시기에는 거의 모든 주요한 동물문*이 나타나서 우리가 오늘날 알고 있는 다양한 생물 형태의 기원을 찾을 수 있습니다.

이 시기에 등장한 생물들은 복잡한 체계와 다양한 신체 구조를 갖추었으며, 갑옷 같은 외골격, 복잡한 소화 시스템, 감각기관 등 진화의 중요한 특징을 발전시켰습니다. 눈과 치아와 같은 기관도 이때 발전하기 시작했습니다. 다윈도 이 시기의 지층을 연구하면서 이전 시대와의 극적인 차이를 발견하고, 당시의 생물 다양성이 어떻게 형성됐는지 고민하기도 했죠.

그러나 페름기 말기와 그 이후 트라이아스기에 진행된 대멸종 사건으로 인해, 당시 지구상에 존재했던 종의 최대 96퍼센트가 사라졌습니다. 해양 생물의 약 90퍼센트 이상, 육상 생물의 약 70퍼센트 정도가 멸종했다고도 하죠.[2]

2억 5,100만 년 전부터 약 20만 년, 그중에서도 특히 2만 년 남짓한 짧은 기간에 산소 부족, 이산화탄소 농도 증가, 강렬한 자외선 노출,

● '문'은 생물 분류 체계인 '종, 속, 과, 목, 강, 문, 계' 중 위에서 두 번째 분류를 말한다.

오존층 변화, 극단적인 기후 변화, 사막화, 토양 유실, 산성비 등 여러 최악의 환경 조건이 겹쳤습니다. 왜 이런 변화가 생긴 것일까요? 시베리아 대규모 화산 활동, 운석 충돌, 온실효과에 의한 황화수소의 대량 용출 등 여러 가설이 제시되었지만, 대멸종의 정확한 원인은 아직 확실하게 밝혀지지 않았습니다.

중생대

트라이아스기(Triassic Period)

고생대의 마지막 시기인 페름기 대멸종 이후 지구 생태계에 극적인 공백이 생긴 때를 가리킵니다. 새로운 생태계의 틈새에 약 2억 5,100만 년 전부터 공룡이 등장하여 쥐라기와 백악기 동안 지구의 지배적인 생물로 자리 잡았죠.[3]

트라이아스기는 셋으로 나뉘는 지층의 특징에서 비롯된 이름입니다. 아래층은 붉은색의 퇴적암인데, 주로 사암과 점토암으로 구성되어 있고, 건조하고 뜨거웠던 당시의 기후 조건을 반영합니다. 퇴적암의 화학적 특성상 산소가 부족한 환경에서 형성된 것으로 추측됩니다.

중간층은 주로 석회암으로 구성되며, 해양 환경의 퇴적물을 반영합니다. 이는 트라이아스기 중반에 해수면이 상승했음을 보여줍니다. 트라이아스기 중반에는 지구의 판 구조의 변화로 인해 대륙이 분열되고, 바다가 확장되면서 해수면이 상승했습니다.

위층도 해양 기원의 퇴적암이지만, 중간층에 비해 얕은 해양 환경에서 형성된 암석으로 구성되어 있습니다. 트라이아스기 후반에 해수면이 다시 하강했다는 의미입니다.

쥐라기(Jurassic period)

스위스에 있는 쥐라(Jura) 산맥의 지질학적 특성에서 이름을 따왔습니다. 대략 2억 1,200만 년 전에서 1억 4,500만 년 전 사이로, 공룡의 진화가 가장 활발히 이루어져서 다양한 형태의 공룡이 육지, 바다, 하늘을 지배했던 시기죠.

덩치가 큰 육상 공룡은 다양한 생물을 먹으며 살아가고, 그보다 작은 육식 공룡은 다른 동물을 사냥하며 살았습니다. 해양 공룡은 바다를 지배하고, 익룡류는 하늘을 지배했습니다.

이 시기에 최초의 진정한 새, 수각류 시조새(*Archaeopteryx*)도 나타났습니다. 시조새는 현대 조류의 직계 조상은 아니라고 생각되지만, 그 신체적 특징과 구조는 오늘날 새가 가진 특성의 초기 형태를 보여줍니다.

백악기(Cretaceous period)

크레타세라고도 불리는 이 시기는 대략 1억 4,500만 년 전에 시작해 약 6,600만 년 전까지 지속되었습니다. '백악기'라는 명칭은 라틴어로 '분필(creta)'을 뜻하는 크레타세우스(Cretaceous)에서 유래한 것으로, 밝은 흰색의 분필 같은 지층은 이 시기에 널리 형성되었죠. 이러한 지층은 오늘날 유럽 전역, 특히 영국 도버해협의 잉글랜드 쪽 해안에 있는 백악절벽(White Cliffs of Dover)에서 확인할 수 있습니다.

백악기는 공룡이 지구상의 다양한 환경에서 광범위하게 활약했던 시대입니다. 그 유명한 티라노사우루스 같은 거대 육식공룡부터, 트리케라톱스 같은 초식공룡에 이르기까지, 그 형태와 생태는 매우 다채로웠습니다. 백악기는 식물 진화에도 중요한 시기였습니다. 꽃을 피우는 속씨식물이 등장해서 폭넓게 퍼져 나가며 다양화된 것입니다.

더 알아봅시다

백악기에 있었던 대멸종

약 6,600만 년 전에 일어난 백악기-팔레오세 대멸종 사건은 지구 생태계에 혁명적 변화를 가져왔습니다. 이 사건을 'K-Pg 멸종 사건'이라고 부릅니다.

가장 주목받는 원인은 멕시코 유카탄반도 인근의 칙술루브(Chicxulub) 충돌구에서 확인된 거대 소행성 충돌이었습니다. 이 충돌로 지구에서는 엄청난 양의 먼지와 이산화황이 대기로 방출되었고, 이는 태양 빛을 차단하여 지구 전체에 핵겨울(Nuclear winter)*을 초래했죠. 이러한 전지구적 차원의 온도 하락은 식물의 광합성을 방해했습니다. 결국 식물을 기반으로 한 먹이사슬을 붕괴시키면서 무려 75퍼센트의 생물종이 사라졌습니다.

이와 별개로, 인도 중서부 데칸 지역에서 발생한 거대한 화산 활동, 즉 데칸 트랩의 활동이 K-Pg 멸종 사건에 기여했다는 가설도 있습니다. 3만 년에 걸친 화산 분화로 인해 현재 인도의 절반 크기에 달하는 지역이 용암에 묻혔죠. 아직 논란이 분분하지만, 주류 학계는 칙술루브 운석 충돌 가설을 더 지지합니다.

K-Pg 대멸종 이후에는 포유류와 다른 소형 생물이 새로운 생태계의 틈을 메우며 진화의 기회를 잡았습니다. 공룡의 자리를 포유류가 차지하고 다양한 종으로 분화했죠. 또한 다양한 속씨식물이 번성하면서 지구에는 꽃이 활짝 폈습니다. 바람, 곤충, 동물의 소화계, 물 등에 의해 씨앗이 전파되도록 진화하면서, 속씨식물은 새로운 환경과 지리적 영역으로 확산될 수 있었고 생물 다양성이 크게 증가했습니다.

● 핵전쟁이 일어났을 때 대량의 먼지와 연기가 생기면 일사량이 줄어들어서 나타나게 될 것으로 예측되는 저온 현상을 말한다.

신생대

신생대는 지질 시대 중 가장 최근의 대분류로, 약 6,600만 년 전에 시작하여 현재까지 이어지고 있습니다.[4] 신생대는 더 작은 시기인 '세'로 나뉩니다.

팔레오세(Paleocene)

약 6,600만 년 전에서 5,600만 년 전에 해당하는 시기입니다. 효신세 혹은 고신세라고도 합니다. K-Pg 대멸종 이후 지구상에 남아 있던 생물이 새로운 환경에 적응하며 다양화하기 시작한 때 이기도 하죠.

포유류가 점차 주류를 이루었고, 현대 새의 조상도 이 시기에 등장했습니다. 초기 영장류, 즉 원원류(prosimian)가 나타났는데, 나무 위에 살면서 주로 곤충을 먹었죠. 현대의 여우원숭이(lemur), 갈라고원숭이(galago), 안경원숭이(tarsier) 등의 직계 조상입니다.[5]

에오세(Eocene)

약 5,600만 년 전에서 3,400만 년 전에 해당하는 시기로, 시신 세라고도 합니다. 온난한 기후가 지배적이었죠. 포유류, 조류, 곤 충이 번성했습니다. 초기 포유류가 발전하면서 현대 포유류의 기초가 형성됐고, 첫 번째 코끼리, 말, 고래류 등이 등장했습니다.

시각 능력이 향상된 아다피스(Adapis) 등의 영장류가 나타났는데, 여우원숭이의 조상으로 보입니다. 고양이 정도의 크기로, 박물학자 퀴비에가 파리 근교에서 처음 발견했습니다. 유럽과 아시아에 널리 서식하다가 각각 올리고세와 마이오세쯤에 사라진 것으로 보입니다. 한편 오모미스(Omomys)도 에오세에 살았던 영장류인데, 안경원숭이와 비슷했던 것으로 보입니다.

올리고세(Oligocene)

약 3,400만 년 전에서 2,300만 년 전에 해당하는 시기입니다. 점신세라고도 합니다. 이때 기후가 시원해지기 시작하며 초원 지대가 확장됩니다. 대형 포유류가 등장하고, 육식동물과 초식동물 간의 포식 관계가 복잡해졌습니다. 영장류의 진화가 두드러졌으며, 사람과 침팬지의 공통 조상이 이 시기에 살았던 것으로 추정됩니다.

이때 아피디움(Apidium), 아에집토피테쿠스(Aegyptopithecus), 올리고피테쿠스(Oligopithecus)가 나타났는데, 모두 이집트, 특히 파이윰(Fayum) 지역에서 주로 발견된 고대 영장류입니다. 아피디움은 나무 위에서 살며 과일과 씨앗을 먹은 작은 원숭이 형태의 영장류이고, 아에집토피테쿠스는 몸집이 크고 두꺼운 털을 가진 초기 원숭이의 조상이며, 올리고피테쿠스는 현대 영장류와 비슷한 생활 습성을 가진 것으로 추정되는 올리고세 초기의 영장류입니다.

마이오세(Miocene)

약 2,300만 년 전에서 530만 년 전에 해당하는 시기입니다. 중

신세라고도 합니다. 현대적 식물이 등장하고, 아프리카와 유라시아의 포유류가 다양해졌습니다. 또한 대형 포유류가 번성했으며 영장류가 진화하여 현대 인류로 이어진 '영장류 진화의 황금기'로 불리는 시기입니다. 영장류의 종 다양성이 크게 증가했죠.

아프리카, 유럽, 아시아에서 유인원의 화석이 발견되었으며, 다양한 환경에 적응하며 번성했습니다. 프로콘술(*Proconsul*)은 마이오세 초기 유인원의 대표적 사례입니다. 런던에서 전시된 침팬지 '콘술(Consul)'에 '앞'을 뜻하는 '프로(pro)'를 붙인 이름입니다. 물론 침팬지의 조상이라기보다는 고릴라를 포함하는 유인원의 조상일 가능성이 높습니다. 아프리카 투르카나 지역에서 발견된 아프로피테쿠스(*Afropithecus*)도 고릴라의 조상으로 추정되곤 합니다. 물론 현대의 고릴라는 주로 지상에서 생활합니다만 가끔은 나무에 오르거나 나무 위에서 잠을 자기도 합니다. 특히 어린 고릴라는 나무 타기를 참 좋아하죠.

한편 시바피테쿠스(*Sivapithecus*)는 현생 오랑우탄과 유사한 특징을 가진 유인원으로, 인도에서 발견되었습니다. 더 동쪽의 아시아에서는 현생 고릴라보다 체구가 큰 기간토피테쿠스(*Gigantopithecus*)가 살았을 것으로 보입니다. 1935년에는 인류학자 구스타프 폰 쾨니히스발트(Gustav Henrich Ralph von Königswald)가 중국 한약방에서 파는 용의 뼈, 실제로는 화석을 발견하면서 처음 찾아냈는데, 오랑우탄의 조상일 것으로 추정됩니다.

한편 드리오피테쿠스(*Dryopithecus*)는 프랑스에서 발견되었습니다. 프로콘술과 가까운 친척이었던 것으로 보이며, 아프리카에서 건너간 것 같습니다. 그리고 마이오세 말에는 드디어 사람과 침팬지의 공통 조상이 분기했습니다.

플라이오세(Pliocene)

약 530만 년 전에서 258만 년 전에 해당하는 시기입니다. 선신세라고도 합니다. 이 시기에는 기후가 더욱 시원해졌고 초원이 확장되면서 초식동물이 번성했습니다.

이 시기에는 호모속*이 처음 등장하며, 초기 인간의 조상과 매우 가까운 녀석이 출현했습니다. 오스트랄로피테쿠스가 아프리카에서 처음 나타났죠. 이때의 고인류에 대해서는 뒤에서 다시 다루겠습니다.

플라이스토세(Pleistocene)

약 258만 년 전부터 1만 1,700년 전에 해당하는 시기입니다. 홍적세 혹은 갱신세라고도 합니다. 여러 차례의 빙하기와 간빙기가 번갈아 찾아오며 지구의 기후에 영향을 주었습니다. 흔히 말하는 빙하기(ice age)가 바로 이 시기입니다.

이때 현생 인류, 즉 호모 사피엔스가 진화하고 문화를 발전시키며 전 세계로 퍼졌습니다. 또한 많은 대형 동물이 멸종했습니다.

● '속'은 생물 분류 체계인 '종, 속, 과, 목, 강, 문, 계' 중 아래에서 두 번째 분류를 말한다.

플라이오세부터 진화한 호모속이 본격적으로 진화한 시기는 플라이스토세입니다.

홀로세(Holocene)

약 1만 1,700년 전부터 현재에 이르는 시기입니다. 충적세 혹은 현세라고도 합니다. 마지막 빙하기 이후에서 현재까지의 시기로, 농업의 발전, 문명의 형성, 인구의 증가가 특징입니다. 기술, 사회, 문화의 발전뿐만 아니라, 인간 활동에 의한 생태계 변화가 특징입니다.

최근 수십 년의 시대를 인류세(Anthropocene)*로 재분류하려는 움직임도 있지만, 아직 국제층서위원회(ICS)에서 공식적으로 인정하지는 않았습니다.

거대한 지질 격변

아프리카 하면 흔히 평평한 초원, 사막, 밀림 등을 떠올릴 것입니다. 이 대륙은 미국, 중국, 인도, 유럽연합, 일본을 합친 것과 맞먹는 광대한 땅덩어리로, 실제로는 대단히 복잡하고 다양한 지형을 자랑합니다. 아프리카 대륙의 총 면적은 약 3,037만 제곱킬로

● 인간의 활동이 지구 환경을 바꾸는 지질 시대를 이르는 말. 네덜란드의 화학자 파울 크뤼천이 널리 알린 개념이다.[6]

미터에 달합니다. 미국은 약 983만 제곱킬로미터니까, 대충 비교가 되지요?

특히 아프리카 대륙의 동부에는 거대한 협곡과 산맥이 있습니다. 우리나라에는 태백산맥이 동쪽에 높게 위치하고 있듯이, 아프리카도 유사한 지형적 특성을 보입니다.

아프리카 대륙의 지형 중 주목할 만한 것은 동아프리카 대지구대(Great Rift Valley)입니다. 이 지형은 약 1,500만 년 전인 신생대 제4기에 시작된 지질학적 변화의 결과로, 지금까지도 활발하게 활동하고 있습니다. 북부 '아프리카의 뿔(Horn of Africa)' 지역을 지나 레바논과 시리아까지 올라가며, 남쪽으로는 모잠비크까지 이어져 있는데 두 개의 주요 지각판, 즉 아프리카판과 소말리아판은

동아프리카 대지구대의 지형. 진하게 표시된 부분의 협곡이 생물종의 분화를 촉진했다.

서로 멀어지고 있습니다. 이로 인해 아프리카 대륙의 동부에 수많은 협곡과 계곡이 생겨났죠.

이와 같은 거대한 지리적 변화는 생물종의 분화를 초래합니다. 처음에는 같은 종이었어도 지리적으로 격리되어 서로 다른 기후에서 살면, 다른 먹이를 먹으며 다른 생활 환경에서 오랜 시간을 지내면서 결국 다른 종으로 분화하는 것이죠. 이를 '이소성 종 분화(allopatric speciation)'라고 합니다. 이로 인해 독특한 생물종이 수없이 생겨났고, 이는 생물 다양성의 증가로 이어졌습니다. 아프리카가 다양한 생물이 사는 대륙이 된 주요 요인입니다.

신생대 후기에 아프리카에 살고 있던 영장류는 대륙의 다양한 지형에서 여러 종으로 분화했습니다. 몸이 멀어지면 마음도 멀어지듯, 먼 거리에 있는 개체는 서로 교배가 불가능해지고 각각의 환경에 알맞게 진화하며 새로운 종으로 나뉩니다.

아프리카 대륙의 지형이 얼마나 거대한 변화를 가져왔는지 이해하기 위해, 우리나라의 태백산맥을 예로 들어볼 수 있습니다. 태백산맥은 높지 않지만 기후에 확연한 차이를 만들어내어, 강원도 지방은 겨울에 폭설로 인한 진풍경이 연출되기도 합니다. 이처럼 산맥은 기후에 큰 영향을 미칠 수 있습니다.

아프리카의 여러 산맥과 협곡은 훨씬 거대해서 지역마다 더욱 다양한 기후와 환경을 조성합니다. 이러한 현상을 '생태학적 모자이크(ecological mosaicism)'라고 부릅니다. 생태학적으로 다양한 지리적 특징이 모자이크처럼 조합되어 각기 다른 환경을 만든다는 말이죠.

극악한 기후 변화

거대한 지질학적 격변이 아프리카 대륙의 지형을 변화시켰지만, 이것만으로는 인류의 기원을 설명하기에 부족합니다. 여기에 더해 마이오세 시대의 대규모 기후 변화가 주효했습니다.

신생대에 지구는 무척 따뜻해서 남극에도 동식물이 살 정도였고, 그린란드는 그 이름처럼 실제로 초록색이었습니다. 그러나 약 2,100만 년 전부터 기후 변화가 시작되었습니다. 마이오세 중반부터 세계적인 온난화가 끝나고 점차적으로 기온이 낮아졌죠. 한랭화 현상으로 인해 현재의 남극대륙에 해당하는 지역이 눈으로 뒤덮였고, 이전에 번성하던 생태계는 대부분 사라졌으며, 많은 동식물이 멸종했습니다. 그린란드 또한 눈과 얼음으로 변해 이름과 달리 새하얘졌습니다.

지구는 서서히 온도가 낮아진 것이 아니라, 들쑥날쑥하며 혼란스러운 변동을 겪었습니다. 이런 불규칙한 온도 변화는 생태계에 큰 충격을 주었고, 생물은 새로운 생존 전략이 필요해졌습니다. 불안정한 기후 조건이 진화를 촉진하여 새로운 종이 출현했고, 오스트랄로피테쿠스와 호모속과 같은 초기 인류의 진화에 결정적인 영향을 미쳤습니다. 대략 350만 년에서 250만 년 사이에 이러한 기후 변동성은 더욱 심해졌고, 주기적으로 한랭기가 반복되자 인류의 조상은 새로운 환경에 적응해야 했습니다.

바닷물은 증발하여 구름이 되고 비로 내려와 강을 통해 다시 바다로 돌아가는 순환 과정을 거칩니다. 그러나 빙하기에는 바닷

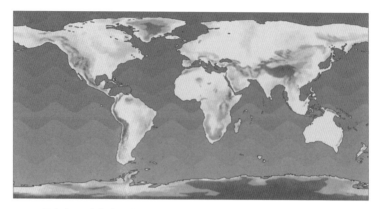
플라이스토세 후기의 대륙별 온도. 색이 진할수록 기온이 낮은 것을 나타낸다.

물에서 증발한 수증기가 빙하 위에 눈으로 쌓여만 갔습니다. 해수면이 점차 낮아졌습니다. 중미 지역이 육지로 드러나면서 북미와 남미 대륙이 연결되었고, 이전에는 태평양과 대서양 사이를 자유롭게 이동하며 온난하고 습한 기후 조건을 전파했던 해류가 중단되면서 습한 바람이 감소해서 기후가 건조해지기 시작했습니다. 이는 특히 아프리카 대륙의 기후에 큰 변화를 가져와서 아프리카 동부 지역이 점점 말라붙었습니다. 동부 아프리카에 살던 수많은 동식물은 새로운 환경에 적응해야만 했죠.

플라이스토세 후기에는 빙하기와 간빙기가 번갈아 나타났습니다. 빙하기에는 거대한 얼음 덮개가 북반구의 많은 부분을 뒤덮었고, 해수면이 매우 낮아졌습니다. 그래서 당시의 인도네시아와 필리핀 지역은 육로로 연결되어 있었고, 일본 본토와 한반도도 육로로 연결되어 있었습니다. 뉴기니와 호주 및 태즈메이니아도 사홀

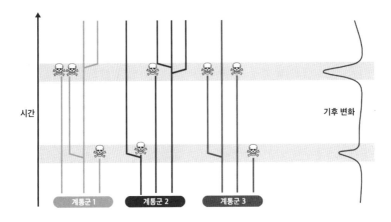

엘리자베스 브르바의 주기적 환경 격변 가설. 시간이 지나며 각 계통군의 종의 해당 환경에 맞춰 분화되고, 각 계통군에 가지가 생겨난다. 그러나 주기적이고 급격한 기후 변화는 다양한 환경에 적응할 수 있었던 일부 가지를 제외하고는 다른 가지를 종결시킨다.

(Sahul)이라는 한 대륙으로 연결되어 있었습니다.

이러한 지리적 연결은 동물과 인간의 이동에 큰 영향을 미쳤습니다. 특히 베링해의 해수면이 낮아지면서 베링기아(Beringia) 대륙이라고 불리는 거대한 육교가 형성되었고, 이는 북미와 아시아를 이어줬습니다. 이곳으로 동물과 인간이 이동할 수 있었죠.

단지 추워지고 건조해진 것이 아니라, 추웠다 더웠다, 축축했다 건조해지기를 반복합니다. 물론 전반적으로는 점점 춥고 건조해졌지요. 그래서 엘리자베스 브르바(Elisabeth Vrba)라는 고생물학자는 '주기적 환경 격변 가설(turnover-pulse hypothesis)'을 제안합니다. 기후 변화가 잦을수록 전문화된 특성을 가진 종, 즉 스페셜리스트가 부정적인 영향을 더 크게 받는다는 점이 핵심입니다.[7]

예를 들어 쥐는 다양한 환경에 잘 적응하는 제너럴리스트이고 유칼립투스 잎만 먹는 코알라는 스페셜리스트입니다. 특정한 환경이 장기간 지속될 경우, 스페셜리스트는 최적의 생존 전략을 구사하므로 제너럴리스트보다 유리합니다. 그러나 환경이 자주 변하면 스페셜리스트가 적응하기 어려워지면서 제너럴리스트가 유리해집니다. 짐작했겠지만 인간은 아주 대단한 제너럴리스트입니다.

오묘한 우주 변화

그런데 추워지면 계속 추워질 것이지, 왜 온탕과 냉탕을 반복하는 것일까요? 빙하기 동안 인류가 진화했다는데, 왜 지금은 간빙기일까요?

지각판의 변화, 화산과 지진, 높은 산맥이 만들어내는 비그늘(rain shadow)* 현상, 해류의 변화 등은 모두 기후와 식생에 영향을 줍니다. 그러나 더 근본적인 원인이 있습니다. 바로 우주에서 벌어지는 지구와 다른 행성, 그리고 태양의 주기적인 움직임입니다.

지구의 궤도는 완벽한 원형이 아닌 타원형으로, 세 가지 주요한 변화에 따라 주기적으로 기후가 바뀝니다. 첫째, 지구가 태양

● 바람이 산맥을 넘은 후 산 너머 쪽에서 강수량이 현저히 감소하는 기상 현상.

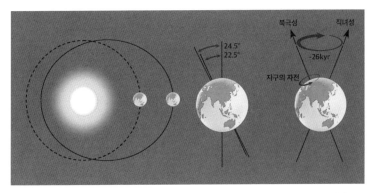

밀란코비치 주기. 왼쪽부터 각각 이심율, 자전축 기울기 변화, 세차운동을 나타낸다.

주위를 도는 궤도의 이심률(eccentricity)*이 변합니다. 약 10만 년의 주기로 때로는 덜 찌그러지고 때로는 더 찌그러진 형태를 반복하는 것이죠. 이렇게 태양과 지구 사이의 거리가 변하면 태양에너지의 분포에 영향을 줍니다.

둘째, 지구의 자전축 기울기가 바뀝니다. 약 2만 4,000년에서 4만 1,000년의 주기를 가지고 약 23.5도 전후로 조금씩 변화합니다. 이는 지구에 도달하는 태양 광선의 각도를 바꾸어, 계절의 강도가 변화하고 특히 극지방의 기후에 아주 큰 영향을 미칩니다.

셋째, 지구 자전축의 세차운동이 일어나면서, 은하계의 황도면을 기준으로 자전축이 시계 방향으로 조금씩 움직입니다. 자전축이 원뿔 모양의 경로를 그리면서 변하는 것이죠. 약 2만 6,000년의 주기로, 계절 간의 에너지 차이에 영향을 줍니다.

● 물체의 운동이 원운동에서 벗어난 정도를 말한다.

세 가지의 주요 변화 요인과 더불어 밀란코비치 주기(Milankovitch Cycles)를 처음 제안한 것은 세르비아의 수학자이자 천문학자였던 밀루틴 밀란코비치(Milutin Milanković)입니다. 1879년 오스트리아-헝가리제국(현재 크로아티아의 일부인 달지)에서 태어났고 비엔나 공대를 수석으로 졸업했는데, 그의 연구 논문은 엄격한 논리적 분석으로 유명합니다. 박사 과정을 마친 후에는 엔지니어링 회사에서 일하며 댐이나 교량을 건설했죠.

그는 시간을 쪼개서 우주의 움직임이 빙하기를 일으키는지도 연구했습니다. 그러던 중 제1차 세계대전이 터졌고, 하필이면 그때 오스트리아-헝가리제국의 땅으로 신혼여행을 갔던 그는 세르비아인이라 체포되었습니다. 다행히 아내의 수소문 덕에 연금 생활을 하게 됐지만요. 그래서 그는 오히려 전쟁 기간에 부다페스트의 도서관과 기상 연구소에서 빙하기 연구에 전념할 수 있었습니다.

그때 거대한 건축물의 복잡한 구조를 꿰뚫던 공학자 밀란코비치의 눈이 거대한 하늘의 규칙적인 운동을 포착한 것입니다. '밀란코비치 주기 이론'은 얼마나 시대를 앞서갔던지, 1950년대가 되어서야 겨우 학계의 인정을 받았습니다.

적응하거나 이동하거나

모든 종은 변화하는 환경에 대응하기 위해 두 가지 기본적 생존 전략 중 하나를 선택합니다.

첫 번째는 해당 환경에서의 적응입니다. 신체적 특성이나 행동 패턴을 새로운 환경에 적합하게 변화시키는 것입니다. 추운 곳에서는 두꺼운 털을 가진 개체의 생존 확률이 높아지는 식이죠.

두 번째 전략은 다른 환경으로의 이동입니다. 생물체는 자신에게 유리한 환경을 찾아 떠납니다. 예컨대 식물의 씨앗이 바람에 실려 새로운 장소에 정착하거나, 동물이 먹이나 기후 조건이 더 나은 곳으로 움직이는 것이 해당됩니다.

인류의 조상이 선택한 두발걷기는 이러한 적응의 한 형태였습니다. 초기 인류는 현존하는 유인원과 다르게 진화했습니다. 식생이 척박하고 계절적 변화가 심한 지역에서 생존해야 했기 때문입니다. 원래 네 발로 이동하던 조상이 양손을 자유롭게 사용하면서 도구 사용과 같은 새로운 적응 능력을 가질 수 있었고, 이는 다시 생존과 번식에 유리한 결과를 가져왔습니다.

원래 인류는 식량을 찾아 끊임없이 이동하는 종입니다. 최초의 인류 역시 식량을 찾아 수동적으로 이동했을 것이고, 점차 적극적으로 환경을 탐색하는 쪽으로 진화했을 것입니다. 이러한 진화 덕분에 인류의 조상은 두 발로 걸으면서 더 넓은 범위로 확장되고 다양한 환경에 적응할 수 있었습니다. 철새가 수십 시간 연속으로 비행할 수 있는 것처럼, 인간도 매일 몇 시간씩 걷는 것이 가능합니다. 아주 독특한 능력을 가진 '마라톤 인류'입니다.

대략 250만 년 전, 환경의 급격한 변화와 함께 수많은 종이 멸종의 위기를 겪었습니다. 그러나 이 시기를 견뎌낸 종도 있었죠. 인류는 도구 사용, 불 다루기, 집단 사냥과 같은 독특한 생존 전략을 개발했고, 이는 새로운 생태적 지위를 확보하고 다양한 환경에 적응하는 데 도움을 주었습니다.

끊임없는 이주와 새로운 곳에서의 적응은 지금 우리에게도 적용됩니다. 한곳에 있으면 지루해져서 여행이라도 가려고 하고, 같은 벽지와 가구를 못 견뎌서 멀쩡한 집의 인테리어를 바꾸죠.

계속되는 재난은 이주와 적응이 서로 어울리도록 합니다. 특히 인도네시아의 토바 화산 폭발로 인한 심각한 기후 변화는 인류를 급격히 감소시켰죠. 약 7만 4,000년 전에 발생한 화산 폭발로 당시 인류가 2만 명 미만으로 감소했을 것으로 보입니다. 실제로 그 정도는 아니더라도 인류는 지진과 화산, 가뭄, 홍수, 화재 등 다양한 재난을 겪으며 이주하고 적응한 결과, 남극을 제외한 어느 곳에나 거주지를 만들었습니다.

우주의 신비로운 주기와 갑작스러운 기후의 변동, 대지의 웅장한 동요가 불러온 전 지구적 생태 환경의 변화를 통해 인류는 매우 독특한 방식으로 진화했습니다. 그 과정에서 수많은 호미닌이 나타났다 사라지며 지금의 호모 사피엔스로 진화했죠.

● **토론해 봅시다**

Q1. 인류 진화의 시작이 아프리카에서 일어난 이유는 무엇일까?

Q2. 백악기 이후에 다시 공룡이 지구에 등장하지 않은 이유는 무엇일까?

Q3. 다른 동물과 달리 인류가 오래 걸을 수 있게 된 이유는 무엇일까?

3장

자연선택과 성선택

　자연선택은 자연이라는 경기장에서 벌어지는 경주에서 승리하는 것에 비유할 수 있습니다. '가장 적합한 자만이 살아남는다'는 원리죠. 여기서는 가장 잘 적응한 개체가 그 유전자를 다음 세대에게 전달함을 뜻합니다. 즉, 자연선택은 환경에 의해 좌우되는 차별적 생존과 번식의 능력에 관한 것입니다. 이를 통해 유리한 유전적 변이가 다음 세대로 전달되어 종의 적응과 진화가 이루어집니다.

　성선택은 좀더 드라마틱합니다. 짝을 찾는 과정에서 벌어지는 번식 경쟁이니까요. 멋진 깃털을 가진 새나 노래를 잘 부르는 개구리처럼 매력적 특성을 가진 개체가 번식 상대를 더 쉽게 찾거나, 힘세고 날렵한 녀석이 경쟁자를 물리칠 수 있습니다. 즉, 성선택은 짝을 고르는 과정에서 발생하는 진화적 압력을 말하며, 동성 간의 경쟁과 이성 간의 구애 및 선택에 의해 좌우됩니다.

자연선택과 성선택의 상호작용은 생물 다양성의 근원입니다. 이 복잡한 생태계에서 생명체가 공존하는 동시에 진화하는 방식을 이해하는 데 필수적인 개념이죠. 뒤에서 본격적으로 다룰 인류의 진화사를 이해하려면 반드시 알아야 할 핵심 내용입니다.

풍성한 생명의 나무, 자연선택

『종의 기원』을 처음 접하는 독자들은 서두에서 지루하게 이어지는 육종•에 관한 설명에 실망할 수 있습니다. 책의 초반부에서 예상치 못한 '장광설'을 늘어놓고 있기 때문입니다. 그러나 당시 영국의 독자들은 독특한 개, 비둘기, 꽃의 육종 방법에 대한 다윈의 설명에 크게 열광했습니다. 심지어 한 출판업자는 그 부분만을 떼어내어 출판하자고 제안했을 정도였습니다. 그 당시 인공 육종은 첨단 학문으로, 인기가 좋았거든요. 현대의 다양한 가축과 과일, 채소도 인공 육종을 통해 많이 만들어졌죠.

그러나 다윈은 이 제안을 거절했습니다. 인위적인 육종에 대해 상세히 기술한 의도가 있었기 때문입니다. 인간이 오랜 시간에 걸

● 생물이 가진 유전적 성질을 이용하여 새로운 품종을 만들어 내거나 기존 품종을 개량하는 일.[1]

쳐 원하는 특성을 선택하여 다양한 품종을 만들어낼 수 있다는 사실을 예시로 들며, 이러한 인위적 선택 과정이 자연선택을 통해서도 일어날 수 있다는 것을 납득시키고 싶었던 것입니다. 자연선택을 통해 풍성한 생명의 나무가 나타났다는 것을 설득하려는 일종의 '밑밥'이었죠.

책의 후반부에서 다윈은 갈라파고스제도에서 핀치새를 포함해 다양한 생명체가 어떻게 인간의 의도나 계획 없이도 진화해 왔는지 설명합니다. 그런데 이러한 주장은 큰 반향을 일으켰습니다. 다윈의 주장에 따르면, 인간은 『성경』에서 말하는 대로 창조주의 형상으로 만들어진 존재가 아니었습니다. 다른 동물처럼 자연선택을 통해 진화한 존재로 보아야 했습니다.

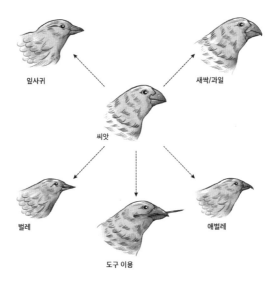

잎사귀

새싹/과일

씨앗

벌레

도구 이용

애벌레

핀치새의 부리 모양은 먹이의 종류, 도구 사용 여부에 따라 다양하게 변화한다.

여기서 잠깐 '종(species)'에 대해 이야기해 봅시다. 『종의 기원』에서 이야기하는 종은 과연 무엇일까요? 생명체의 모양, 해부학적 구조, 생리, 행동과 같은 특성에 기반하여 종이라는 집단으로 분류할 수 있습니다. 이러한 분류는 단순히 인간의 편의를 위한 것만이 아니라 생물학적인 기능에 근거한 것입니다. 동일 종 내의 개체는 서로 교배할 수 있으며, 후손을 낳을 수 있습니다. 이것이 번식력에 기반한 생물학적 종 분류의 핵심입니다.

그런데 같은 종 내의 모든 개체가 완전히 같을 수는 없습니다. 당장 주변을 둘러보면 같은 인간이라도 상당히 다르죠. 다윈은 바로 이 점, 즉 세대를 거치면서 물려받은 유전적 특성과 자연적 변이에 의한 개체 간 차이에 주목했습니다.

쉬운 예를 들어보겠습니다. 같은 부모 아래에서 태어난 형제자매라도 서로 다릅니다. 이러한 변이는 때로 다음 세대까지 이어집니다. 행동, 외모, 식습관 등에서 개체 간 차이를 드러내죠. 물론 서로 비슷한 점도 있지만 분명 다릅니다. 이러한 차이는 아주 자연스러운 일입니다.

예를 들어 '익투스'라는 이름의 물고기가 우연히 다른 물고기보다 조금 더 날카로운 앞니를 가지고 태어났다고 가정해 봅시다. 날카로운 앞니 덕분에 익투스는 다른 물고기에 비해 먹이를 더 잘 붙잡을 수 있습니다. 같은 에너지를 소모하면서도 더 많은 먹이를 섭취할 수 있기에, 새끼를 낳을 에너지를 쉽게 확보할 수 있죠. 익투스의 날카로운 이빨은 세대를 거듭하며 종 내에서 점점 일반적인 특성으로 자리 잡을 것입니다. 이것이 바로 자연선택이 작동하는 방식입니다.

진화라고 하면 공룡의 멸종과 같은 드라마틱한 변화를 상상하기 쉽습니다. 그러나 실제로 대부분의 변이는 익투스의 날카로운 이빨처럼 미묘하고 사소한 것입니다. 변이는 끊임없이 일어납니다. 그리고 이러한 변이가 아주 오랫동안 축적되면 새로운 종의 출현으로 이어질 수 있습니다.

이처럼 자연선택은 진화의 흐름 속에서 미세한 변화를 축적하여 종의 변화를 가져오는 주요한 동력입니다. 장구한 시간의 흐름 속에 변이가 거듭되고 축적되다 보면, 기존의 집단과는 번식할 수 없는 새로운 집단이 나타날 수 있습니다. 그렇게 새로운 종이 나타나는 것이 '종의 기원'입니다. 자연선택이 진화적 변화를 유발하고 생명의 나무가 새로운 가지를 내어 새로운 열매를 맺는 것이죠.

다윈의 미운 오리 새끼, 성선택

자연선택은 생명 진화라는 거대한 흐름을 주도하는 결정적인 힘입니다. 자원의 제한이라는 조건하에서 모든 개체는 기를 쓰고 살아남기 위해 투쟁합니다. 변화하는 자연 환경에서는 생존에 조금이라도 유리한 변이를 가진 개체가 더 번성할 수 있죠.

그런데 단지 살아남기만 하면 그만일까요? 그럴 리 없습니다. 영원히 사는 생물은 없으니, 자신의 형질을 다음 세대에 물려주어야 자신이 죽은 뒤에도 자신의 형질을 살아남게 할 수 있습니다.

그래서 각 생물의 형질은 생존뿐 아니라 번식 가능성을 높이는 방향으로 나아갑니다. 그런데 종종 생존을 위한 형질과 번식을 위한 형질은 충돌하기도 합니다.

성선택은 진화 과정에서 생물이 짝을 찾고 번식하기 위해 경쟁하는 과정을 가리킵니다. 이 용어는 19세기에 찰스 다윈에 의해 처음 도입되었는데, 자연선택과 함께 생물의 진화를 설명하는 중요한 기전 중 하나입니다. 성선택은 자연선택과 함께 생명체의 진화에 중요한 역할을 합니다.

성 내 선택은 동성(주로 수컷)의 개체끼리 경쟁하여 짝짓기의 기회를 얻는 과정입니다. 예를 들어 더 큰 뿔이나 강력한 싸움 기술을 가진 수컷이 더 많은 번식 기회를 얻을 수 있습니다. 수컷 사자는 크고 강력한 이빨과 발톱을 지녔으며, 이러한 이빨과 발톱으로 다른 수컷과 경쟁하여 번식권을 확보합니다.

성 간 선택은 한 성(주로 암컷)이 반대 성의 개체 중에서 특정 형질을 가진 짝을 선택하는 과정입니다. 이는 더 밝은 몸 색상, 아름

영상 1 수컷 사자 간의 싸움. 암사자 한 마리를 두고 두 마리의 수사자가 싸웁니다. 강한 수컷 사자만이 유전자를 남길 수 있습니다.

다운 노래 또는 둥지를 만드는 등의 다른 유혹적 행위로 나타납니다. 수컷이 멋진 노래를 부르면서 구애하는 새의 경우, 암컷은 노래를 통해 수컷의 유전적 건강을 평가하고 더 우수한 노래를 부르는 수컷과 짝짓기합니다. 물론 영역 표시나 의사 소통을 위해 노래하는 경우도 많습니다.

사실 성선택은 자연선택의 일종입니다. 그러나 일반적인 자연선택과는 다른 점이 많기 때문에

따로 취급합니다. 다윈도『종의 기원』을 펴낸 후 10년 조금 넘어서 성선택을 다룬 책을 냈습니다.『인간의 유래와 성선택』이라는 책이죠.

영상 2 수컷 새의 둥지 만들기. 바우어새는 나뭇가지를 비롯한 온갖 물건들로 '바우어'라는 이름의 둥지를 만들고 노래를 부르면서 암컷에게 구애합니다.

그러나 다윈이 살던 빅토리아 시대에는 '성(sex)'이라는 단어를 공개적으로 말하는 것조차 쉽지 않았습니다. 월리스도 마찬가지라, 다윈의 성선택 이론에 반대했죠. 암컷을 얻으려는 수컷의 경쟁은 인정하지만, 암컷이 수컷을 고른다는 개념은 있을 수 없다고 했습니다.[2,3] 다윈의 동시대 학자들과 후대의 생물학자들은 성선택의 중요성을 별로 인정하지 않았고, 그래서 성선택은 '다윈의 미운 오리 새끼'라고도 불렸습니다. 결국 나중에 화려한 백조가 되었지만요.

20세기 중반까지 성선택은 진화론 연구에서 크게 주목받지 못했습니다. 그러나 1970년대에 이르러 진화생물학자나 진화인류학자가 성선택의 중요성에 주목하기 시작했습니다. 성선택이 진화에 미치는 영향에 대한 확실한 증거를 발견했던 것입니다. 특히 암컷의 선택이 수컷의 형질에 큰 영향을 미치며, 이는 종 내에서 다양성과 복잡성을 증가시키는 주요 원인임을 밝혔습니다.[4]

그런데 성은 도대체 왜 있는 것일까요? 사실 성은 생물학적으로 많은 비용이 드는 시스템입니다. 그래서 성이 없는 생물이 훨씬 많습니다. 원시적 수준의 성을 가진 생물이 나타난 건 10억 년 전이고 태반 포유류는 그보다 최근에 등장했습니다.

현재 유성생식을 택한 생물은 실제로 막대한 비용을 치르고 있습니다. 배우자 탐색, 구애 행동, 포식자에게 잘 띄는 화려한 외형 유지, 상대에게 호감을 얻기 위한 선물 제공 등에 비용이 들기 때문입니다. 성적 경쟁에서 발생하는 상처나 사망의 위험도 무시할 수 없습니다. 짝짓기가 끝난 후에는 수컷의 정자가 경쟁을 벌이고, 암컷은 원치 않는 교배를 막기 위해 다양한 전략을 구사합니다. 무성생식을 한다면 전혀 필요하지 않은 귀찮은 일이죠.[5]

그러나 유성생식에는 장점이 많습니다. 두 개체의 유전자를 섞어 새로운 유전적 조합을 만들어내면서 유전적 다양성을 증가시켜, 후손이 변화한 환경에 적응하는 능력을 향상시킵니다. 유성생식을 통해 생성된 유전적 다양성은 질병, 기후 변화, 자연환경의 압력에 더 효과적으로 대응할 수 있게 만들죠. 특히 유성생식은 기생충과 병원균의 공격에 훌륭한 방어 기전입니다. 병원체는 빠르게 진화하므로 특정한 유전자 조합에 알맞게 적응하여 숙주를 공격할 수 있는데, 유성생식은 이러한 공격으로부터 자손을 보호할 수 있는 새로운 유전자 조합을 지속적으로 생성합니다.[6]

원시적 수준의 성이 나타난 후로, 유성생식 종에서의 경쟁이 치열해지기 시작했습니다. 『이상한 나라의 앨리스』의 속편인 『거울 나라의 앨리스』에는 붉은 여왕과 앨리스가 열심히 달리기를 하는데도 주변 경치가 바뀌지 않는 이야기가 나옵니다. 여왕은 앨리스에게 제자리라도 지키려면 끊임없이 달려야 하며, 앞으로 나아가고 싶다면 훨씬 더 빠르게 달려야 한다고 말합니다. 여기에서 비롯된 이른바 '붉은 여왕 가설(red queen hypothesis)'은 한 종이 생존과 번식을 위해 지속적으로 경쟁하는 다른 종과의 상호작용을

『거울나라의 앨리스』 속 붉은 여왕 이야기에서 비롯된 '붉은 여왕 가설'은 경쟁 상대에 맞춰 끊임없이 진화하지 않으면 도태된다는 내용을 담고 있다.

통해 진화한다는 것입니다. 개체 간의 경쟁도 마찬가지이고요.

유성생식이 생긴 이래로, 수컷과 암컷은 서로 유혹하기 위해 치열한 경주를 벌여왔습니다. 수컷은 수컷끼리, 암컷은 암컷끼리 열심히 경쟁했죠. 수컷과 암컷 사이에도 경쟁은 치열했습니다. 가만히 있으면 뒤처지는 레이스가 수억 년 이상 지속되면서, 유성생식은 매우 복잡하고 화려하게 진화했습니다.

그뿐 아닙니다. 병원체와 숙주가 벌이는 레이스도 끝없이 계속되었습니다. 병원체를 이기기 위한 유전적 재조합은 지금처럼 복잡한 유성생식 시스템이 진화한 원인이었죠. 기후 변화, 먹이사슬 등도 한몫했습니다.[7]

그래서 유성생식 종의 수컷과 암컷은 다른 종처럼 보이기도 합니다. 끝없는 줄달음이 만들어낸 결과죠. 인간의 경우에도 외모부터 목소리, 성기의 형태에 이르기까지 남녀가 서로 다릅니다. 암컷은 자궁에 태아를 임신하고 키우는 역할을 하지만, 수컷은 그러한 신체적 기관이 아예 없습니다. 생식세포 역시 전혀 다릅니다. 여성의 난자는 크기가 크고 영양분을 풍부하게 담고 있으며 만들어내는 데 많은 비용이 드는 세포입니다. 한 여성이 평생 생산할 수 있는 난자의 수는 많아야 400개에 불과합니다. 반면 남성은 한 번의 사정으로 최대 1~2억 개까지 정자를 생성할 수 있습니다. 다만, DNA 이외에는 별볼일 없는 저비용 세포입니다.[8]

이러한 성별 간 차이는 번식 성공률의 차이로 이어집니다. 여성은 비싼 난자를 만들어내고, 임신 및 양육 기간 동안 막대한 투자를 해야 합니다. 그래서 많은 자손을 가질 수 없습니다. 하지만 남성은 짝을 얻을 수만 있다면 얼마든지 자손을 가질 수 있죠.[9] 오스만튀르크제국의 이스마일 1세는 무려 600명이 넘는 자식을 두었다고 합니다. 반면에 여성의 기록은 초라합니다. 러시아의 피요드르 바실리에프의 부인은 69명을 낳았다고 하는데, 물론 엄청난 기록이지만 이스마일 황제에 비하면 많은 수가 아닙니다.

현대 사회의 남성과 여성은 최대 번식 수의 차이가 크지 않지만, 동물의 세계는 여전합니다. 바로 바다코끼리가 그렇습니다. 바다코끼리는 수컷이 암컷보다 덩치가 두 배 이상 큰 경우가 많은데 이러한 차이는 암컷을 둘러싼 수컷 간의 치열한 경쟁 때문입니다. 덩치가 큰 수컷이 번식권을 독점하고, 가장 강력한 수컷은 수십 마리의 자식을 낳을 수 있는 독점적 지위를 가집니다. 반면, 암컷은 생식력이 높아도 많아야 10마리의 새끼를 낳을 뿐이죠. 물론 자식을 아예 가지지 못하는 비율은 수컷이 훨씬 높습니다.

붉은 여왕 효과에 의해 성선택은 자연선택으로는 이해하기 어려운 결과를 낳기도 합니다. 좀 어려운 개념이지만, 살펴볼까요? 바로 '매력적인 아들 가설(sexy son hypothesis)'과 '비싼 신호 이론(costly signaling theory)'입니다. 전자는 성선택에 관한 주장이고, 후자는 개체 간 신호 전달과 관련된 주장입니다. 신호 전달은 성선택에서 아주 중요하게 작용합니다.

매력적인 아들 가설은 암컷이 자신의 유전자를 널리 퍼뜨릴 가능성을 극대화하기 위해 자손에게 매력적인 유전적 특성을 물려줄 수 있는 매력적인 수컷을 선택한다는 개념입니다. 매력적인 수컷과 짝짓기를 하면, 아들도 아버지처럼 매력적일 테고 더 많은 번식 기회를 얻어 유전자 전파에 기여할 것입니다. 그 형질이 생존에 유리한지, 당장 유리한 이득을 주는지는 중요하지 않습니다. 심지어 암컷에게 어느 정도 해를 끼치는 행동에 관한 형질이라고 해도, 아들이 그 형질을 통해 번식 적합도가 높아진다면 암컷은 그런 수컷을 고르는 것이 유리하다고 판단하는 것입니다.[10,11]

비싼 신호 이론은 자신의 생식적 가치를 증명하기 위해 높은 비용을 지불하면서 신호를 보내는 것을 말합니다. 우수한 유전적 상태나 생존 능력을 과시하여 짝짓기 상대를 유혹하는 것이죠. 수컷 공작의 화려한 꼬리는 포식자에게 노출될

영상 3 수컷 공작새의 구애의 춤. 수컷은 강한 인상을 남기기 위해 태양의 방향까지 고려하여 꼬리를 펼치고 흔듭니다.

위험이 커지는 등 생존에 부정적 영향을 줄 수 있지만 암컷에게는 수컷의 건강과 유전적 우수성의 지표로 작용하는 식입니다.[12,13]

수도사 멘델의 유전학

그런데 유전자란 무엇일까요? 다윈은 유전자의 개념을 몰랐고, 유전 현상에 관한 이해도 부족했습니다. 당시의 과학 수준이 그랬습니다. 제뮬(gemule)이나 판게네시스(pangenesis)*와 같은 개념을 제시하는데, 지금 보면 터무니없는 가정이었습니다.

유전의 법칙을 발견한 것은 오스트리아의 수도사인 그레고어 요한 멘델(Gregor Johann Mendel)이었습니다. 멘델은 계몽주의와 프랑스혁명의 영향을 받은 브륀(현재의 체코 브르노) 지역에서 가난한 소작농의 아들로 태어났습니다. 아버지는 봉건 지주에게 일주일 중 3일을 봉사해야 했죠. 브륀은 독일과 체코의 중간에 위치해서 당시 합스부르크제국의 지배를 받았습니다. 동유럽 봉건주의의 오랜 전통에서 벗어나 새로운 기지개를 펴는 중이었죠.

그러나 멘델의 신분은 여전히 중세시대에 머물러 있었습니다. 누나가 결혼마저 포기하고 지참금을 동생의 학비로 선물한 덕에

● 동식물체 각 부분의 세포에 있는 제뮬이라는 자기 증식성 입자가 생식 세포에 모여서 자손에게 전달됨으로써 어버이와 닮은 형질을 나타낸다고 하는 학설. 1868년에 영국의 생물학자 다윈이 제창했다.[14]

겨우 현재 고등학교에 해당하는 김나지움을 졸업하지만, 대학 교육은 사실상 불가능한 일이었습니다.

스물한 살 때 멘델은 한 교수의 강력한 추천을 받아, 인근 수도원의 견습 수사로 들어갑니다. 원하는 공부를 할 수 있기 때문이었습니다. 아우구스티누스회에 속하며 학문의 자유와 과학 연구를 가장 중요한 소명으로 삼은 성 토마스 수도원은 대학교 학비를 감당할 수 없었던 멘델에게는 유일한 선택지였습니다.

대수도원장 시릴 나프(Cyril Napp)의 도움을 받아 수도원에 들어간 멘델은 안정적으로 공부하게 됐습니다. 나프는 학문을 좋아했을 뿐 아니라, 『성경』과 동양 언어를 가르치는 교사이기도 했습니다. 그는 성 토마스 수도원의 가장 중요한 책무가 교육과 연구라고 믿었습니다. 수도원은 브륀 시에서 가장 큰 도서관을 운영했을 뿐 아니라, 여러 학교 운영에도 개입하고 있었습니다. 수십 명의 수사들은 아침 미사와 기도를 마치면 주로 학생을 가르쳤고, 수업이 없는 수사들은 도서관에서 종일 책을 읽고 연구했습니다.

수도원 수도사의 상당수는 인근의 브륀철학연구소와 고등학교의 교사를 겸임했고, 나중에 대학 교수가 된 수도사도 적지 않았죠. 특히 수도원은 식물학, 박물학, 육종학 등에서 상당한 수준의 학문적 성취를 거두었는데, 앞서 말했듯 육종학은 당시 과학계에서 큰 관심을 받는 '첨단' 학문이었습니다.

그러나 브르노의 주교였던 안톤 샤프고체(Anton Ernst von Schaffgotsche)는 이러한 수도원의 방침에 반대하기도 했습니다. 샤프고체는 교구 내 수도원을 감독하는 위치에 있었는데, 수도원의 생활을 더 엄격하게 하자고 주장했습니다. 자유로운 학문을 추구하는 나프 수도원장과의 충돌은 당연한 일이었습니다. 나프 수도원장은 이런 지시에 반발하여 로마 교황청의 감독을 받겠다고 탄원했고, 브륀철학연구소를 수도원 직할로 해달라고 요청합니다.

샤프고체는 수도원에 대한 감사에 착수합니다. 수도원이 과학적 활동에 너무 열성적이라면서, 중세시대의 수도사법을 지키라고 요구하죠. 명령에 따르지 않는 수도원장은 물론 수도사들에게도 각자 제 갈 길을 가라고 합니다. 물론 수도원은 강력하게 반발했고, 주교의 명령을 정면으로 거부합니다.

1848년, 성 토마스 수도원 소속의 수사 여섯 명이 '인간성의 이름으로'라는 제목의 탄원서를 보냅니다. 그중 한 명이 바로 멘델입니다. 그들은 수도사들이 고립을 강요받고 있으며, 일반 시민과 동등한 수준의 자유로운 시민권을 수도사에게 보장해야 한다고 주장합니다. 수도사의 개인적 이익을 위해서가 아니라, 과학 연구와 교육에 매진할 수 있는 여건을 만들기 위해서 말이죠.

아무튼 멘델은 빈대학에 청강생으로 들어가 공부한 후, 수도원으로 돌아와 완두콩 실험을 시작했습니다. 그는 7년에 걸쳐 2만 8,000그루의 완두콩을 재배하며 잡종을 연구했습니다. 이렇게 발견한 멘델의 유전 법칙은 생물학적 유전의 기본적인 원리를 설명합니다. 이 법칙들은 각각의 개별 형질에 적용되며, 형질을 결정하는 유전자가 어떻게 부모로부터 자손에게 전달되는지를 규명합니다.

① 우열의 원리

특정 형질의 발현을 결정하는 한 쌍의 대립유전자(allele)가 우성 형질 유전자(gene)와 열성 형질 유전자의 조합적 관계로 존재하며, 우성과 열성 유전자가 조합되었을 때는 우성 형질이 발현된다는 것입니다. 그러니 열성 형질이 발현되려면, 대립유전자의 구성이 열성 유전자와 열성 유전자의 조합으로 이뤄져야만 하겠죠?

예를 들어보죠. 완두콩의 꽃 색깔이 자주색(우성)이나 흰색(열성)일 때, 완두콩 꽃은 어떤 색이 될까요? 아마 흰색 꽃의 유전자끼리 조합되는 경우를 제외하고는 대부분이 자주색이 발현될 것입니다.

② 분리의 법칙

한 쌍의 대립유전자를 구성하는 유전자 중 하나의 형질 유전자만이 각각의 생식세포로 전달된다는 뜻이죠. 예를 들어 완두콩의 한 부모가 자주색 우성 유전자(A)와 흰색 열성 유전자(a)를 가지고 있다면, 이 부모는 'A' 혹은 'a' 유전자를 자신의 생식세포에 단 하나만 전달합니다. 결국 자손은 각각의 부모에게서 하나의 유전자만 상속받습니다. 이 법칙은 자손에게 전달되는 유전적 정보의 무작위성과 다양성을 설명합니다.

③ 독립의 법칙

서로 다른 형질에 대한 유전자가 독립적으로 분리되어 유전된다는 것입니다. 한 개체의 두 가지 이상의 형질은 서로 독립적으로 유전되며, 한 형질의 유전이 다른 형질의 유전에 영향을 주지 않는다는 의미입니다. 예를 들어 완두콩의 색깔과 모양은 각각 독립적인 대립유전자에 의해 결정되므로, 두 형질은 서로 독립적으로 유전됩니다.

물론 멘델의 법칙이 늘 옳은 것은 아닙니다. 불완전 침투*나 다인자 유전,** 상위 효과,*** 유전자 연관,**** 비분리 현상***** 등 예외도 많습니다. 특히 우열의 원리는 법칙이 아니라 '원리'라고 부를 정도니까요. 진화는 법칙이 아니라 적합도에 따라 움직이는 것이니 당연한 일입니다. 하지만 멘델의 유전 법칙은 유용합니다. 법칙을 알아야 예외도 이해할 수 있죠. DNA가 뭔지도 모르던 시절에 완두콩 실험만으로 찾아낸 세 가지 원리는 정말 대단한 성과라, 당시에는 이해할 수 있는 학자가 없었다고도 하죠.

- ● 우성 유전 인자를 가지고 있으면서 표현형으로 나타나지 않았으나 자식의 대에서 그 형질이 출현하는 현상. 즉, 동일한 유전자형을 가지고 있으나 개체에 따라 그 형질이 나타날 수도 있고 나타나지 않을 수도 있는 현상을 이른다.[15]
- ●● 여러 유전자가 복합적으로 작용해서 하나의 형질을 형성하는 유전 현상.[16]
- ●●● 생물체에서 한 개의 유전자를 변형하였을 때, 변형된 유전자가 다른 형질의 유전자에 유전적 영향을 나타냄으로써 생물체에 다른 형질이 나타나는 현상.[17]
- ●●●● 서로 다른 두 유전자 사이에 연관이 있다는 것으로, 독립의 법칙에 위배되는 현상이다.
- ●●●●● 감수 분열에서, 마주 붙은 상동 염색체가 양극으로 분리하지 않고 한쪽 극으로만 이동하는 현상.[18]

멘델과 다윈은 동시대 인물이었습니다. 다윈의 서재에서 멘델의 논문이 발견되었고, 멘델의 소장품 중에는 『종의 기원』 초판이 포함되어 있었죠. 멘델이 영국에 단 한 번 방문한 기록이 있지만 월리스와 다윈을 연결해 주었던 식물학과 박물학의 연결망은 멘델과 다윈 사이에는 형성되지 않았습니다. 안타까운 일입니다.

멘델이 세상을 떠난 후, 그의 연구는 잊히는 듯했습니다. 그가 수도원의 재산을 국유화하려는 독일 정부의 정책에 맞서 싸우다 만성 신장병으로 죽었을 때, 후임 수도원장이 수도원을 보호하기 위해 멘델의 연구 기록을 전부 소각해 버렸던 것입니다. 멘델의 법칙은 그의 사후 수십 년 동안 과학계에서 잊혔습니다. 너무 앞서 나간 연구였기 때문일까요, 아니면 적극적으로 학계에 발표하지 않은 탓일까요?

그러던 1900년경, 세 명의 과학자들이 독립적으로 멘델의 작업을 재발견했습니다. 다행히 도서관 구석에 남아 있었던 논문 덕분입니다. 네덜란드의 유전학자 휘호 더프리스(Hugo de Vries), 독일의 카를 에리히 코렌스(Carl Erich Correns), 오스트리아의 에리히 체르마크 폰 세이세네크(Erich Tschermak von Seysenegg)는 각자의 연구에서 멘델의 이전 작업과 일치하는 결과를 얻었습니다. 서로 모르는 사이였던 이들이 멘델의 법칙을 확인하고 공표한 셈이죠. 이를 통해 유전학이라는 새로운 과학 분야가 공식적으로 탄생했습니다.[19]

세대를 거쳐 통합된 다윈과 멘델의 이론

20세기 초, 멘델의 유전 법칙이 재발견되면서 유전학과 진화론에 대한 관심이 커졌습니다. 이때 아주 중요한 발견이 이루어집니다. '하디-바인베르크 원리'입니다. 영국의 수학자 고드프리 하디 (Godfrey Harold Hardy)와 독일의 산부인과 의사 빌헬름 바인베르크(Wilhelm Weinberg)가 발견한 원리로, 특정 조건하에서는 한 집단 내 대립 유전자의 빈도가 변하지 않고 평형 상태를 유지한다는 법칙입니다. 그래서 이 법칙을 '하디-바인베르크 평형'이라고도 부릅니다. 따라서 이 원리가 깨지면 대개는 자연선택이 일어났다는 뜻입니다. 하디-바인베르크 원리의 조건은 다음과 같습니다.

1. 자연선택이 일어나지 않음: 생존과 생식에 있어서 차이 없이 집단 내 모든 개체가 동일하게 생존과 생식을 하는 상황.

2. 돌연변이가 발생하지 않음: 돌연변이로 인해 특정 대립유전자가 다른 대립유전자로 변하지 않는 상황.

3. 이주가 발생하지 않음: 집단에 새로운 개체의 유입이나 기존 개체의 출입 등의 사건이 발생하지 않는 상황.

4. 우연한 사건에 의해 대립유전자의 빈도가 달라지지 않음: 집단 내에 무한한 수의 개체가 존재해 대립유전자 빈도를 변화시키는 확률적으로 우연한 사건이 발생하지 않는 상황.

5. 교배가 무작위로 일어남: 특정 유형의 배우자(gamete)에 대한 선호가 존재하여 임의적인 교배가 발생하지 않는 상황.

이러한 평형 상태에서는 집단 내 대립유전자 빈도가 세대를 거듭해도 일정하게 유지되며, 대립유전자의 빈도가 p, q(p+q=1)로 주어졌을 때 유전자형의 빈도는 $p^2+2pq+q^2=1$로 결정됩니다. 즉, 진화가 일어나지 않는 것입니다. 하지만 이는 위의 이상적인 조건들을 만족할 때만 가능하며, 실제 생물학적 시스템에서는 이러한 가정들이 완전히 만족되기 어렵습니다. 그럼에도 불구하고, 진화가 일어나는 조건을 제시한다는 점에 있어서 하디-바인베르크 평형은 유전학적 변이와 진화 과정을 이해하는 데 아주 중요한 기본 이론으로 여겨집니다.

이후 존 버든 샌더슨 홀데인(John Burdon Sanderson Haldane), 로널드 에일머 피셔(Ronald Aylmer Fisher), 슈월 그린 라이트(Sewall Green Wright)와 같은 유전학자의 연구로 집단 유전학이 발전하면서, 멘델의 법칙과 다윈의 자연선택 이론이 하나의 진화론으로 통합될 수 있음이 밝혀졌습니다. 유전학과 현장 생물학은 테오도시우스 도브잔스키(Theodosius Dobzhansky)에 의해 획기적으로 결합되었고, 실험실의 초파리 연구에서 자연 집단을 대상으로 한 현장 연구로 확장되었습니다. 1937년,『유전학과 종의 기원(*Genetics and the Origin of Species*)』이라는 책에서 자연에서는 기존의 예측보다 더 많은 다양성이 진화했음을 보여주었죠.

도브잔스키의 뒤를 이어 에른스트 마이어(Ernst Mayr), 조지 심슨(George Simpson), 줄리언 헉슬리(Julian Huxley) 등이 새로운 통합을 이뤘습니다. 헉슬리는 1942년에『진화: 현대적 종합(*Evolution: The Modern Synthesis*)』이라는 책에서 유전학과 진화론을 통합적인 시각에서 정리했습니다. 그는 토마스 헉슬리의 손자이기도 합니다. 이런 통합 과정을 통해 진화의 여러 현상을 유전적으로 설명하고, 유전적 변화의 기전이 주로 자연선택이라는 점을 확인했습니다.

결과적으로 다윈과 멘델은 생전에 한 번도 만나지 못했지만 그들의 이론은 후배 진화학자와 유전학자에 의해 통합되어 크게 발전했습니다.

● **토론해 봅시다**

Q1. 수컷 공작의 화려한 꼬리 외에 비싼 신호 이론의 사례는 무엇이 있을까?

Q2. 먹이에 따라 달라진 핀치새의 부리처럼 현대의 생활양식이 우리를 변화시키고 있다면, 어떤 것이 있을까?

Q3. 다윈의 성선택 이론이 나중에서야 인정받은 것처럼, 지금도 편견 때문에 가치를 몰라보고 있는 과학적 사실이나 연구가 있을까?

Q4. 하디-바인베르크 평형이 일어나지 않는 실제 사례를 생각해 보자.

2부

사피엔스가 걸어온
수백만 년의 시간

1장

오스트랄로피테쿠스에서
호모 에렉투스까지

　모든 생명체는 각자 환경에 적응하며 진화의 길을 걸어왔습니다. 진화는 어떤 목표를 향해 나아가는 것이 아니라, 생존과 번식을 위해 무수히 시도한 결과입니다. 인간의 진화 또한 이와 다르지 않으며, 자연선택, 돌연변이, 유전적 교류와 같은 요소가 끊임없이 유전자를 형성하고 재형성했습니다. 변화무쌍한 자연에 적응해서 살아남아 유전자를 남기는 길고 긴 호미닌 종족의 역사가 거대한 강처럼 흐르고 쌓인 결과가 오늘날의 우리입니다.

　그러면 복잡하게 흘러온 긴 인류 진화의 강줄기를 거슬러 올라가봅시다. 인류의 시작부터 곧선사람, 즉 호모 에렉투스까지의 이야기입니다.

인류의 출발점, 루시

원시 인류라고 하면, 오스트랄로피테신(*Australopithecine*)·과 네안데르탈인(*Homo neanderthalensis*)을 떠올립니다. 이들 중에서는 오스트랄로피테쿠스(*Australopithecus*)가 인류의 시작점으로 여겨지지만, 실제로 먼저 발견된 것은 오스트랄로피테쿠스의 화석이 아닌, 네안데르탈인의 화석이었습니다. 이 호미닌들은 일반인에게는 다른 영장류와 구별하기 어려울 정도로 유사해 보이지만, 직립 보행이라는 아주 중요한 인간의 특징을 공유합니다. 호미닌은 현생 인류와 그 직계 조상을 포함하는 분류군을 말합니다.

일단 그 이전의 고인류를 잠깐 살펴볼까요? 오스트랄로피테신 이전에도 사헬란트로푸스 차덴시스(*Sahelanthropus tchadensis*), 아르디피테쿠스 라미두스(*Ardipithecus ramidus*) 등의 종이 있었습니다.

사헬란트로푸스 차덴시스는 약 600만~700만 년 전 아프리카 차드 지역에서 살았던 것으로 추정되며, 현재 알려진 가장 오래된 인류 조상 중 하나입니다. 이 종의 두개골인 '투마이(Toumai)'는 인간과 유인원의 공통 조상으로부터 분기된 초기 단계를 보여주며, 특히 직립 보행의 가능성을 시사하는 특징을 지니고 있습니

● 오스트랄로피테신은 사람아족(*Homininae*)에 포함되는 2개 속 오스트랄로피테쿠스속(*Australopithecus*)과 파란트로푸스속(*Paranthropus*)을 묶어 가리키는 용어다. 즉, 오스트랄로피테신 안에 세부 구분으로 오스트랄로피테쿠스가 존재하는 것이다.

다. 물론 현대인이 본다면 상당히 어색한 걸음걸이였을 겁니다. 사하라 남부의 차드에서 2001년에 발견되었습니다. 키는 약 1미터인데, 주로 채식을 했을 것으로 보입니다. 하지만 계통발생적 위치와 사지 뼈의 형태를 근거로, 일부 인류학자들은 인류의 조상이 아니라 유인원일 것으로 추측하는 등 아직 논쟁은 끝나지 않고 있습니다.[1]

아르디피테쿠스 라미두스는 약 440만 년 전에 살았던 종으로, 침팬지와 인간의 분기점 이후의 단계를 대표합니다. '아르디'라는 애칭으로도 불리는 이 호미닌은 침팬지와 인간의 중간 형태를 보여주는 여러 해부학적 특징을 가지고 있습니다. 1994년 에티오피아에서 처음 발견되었는데, 젊은 여성으로 추정됩니다. 현지 아파(Afar)족 말로 '아르디(Ardi)'는 땅, '라미드(ramid)'는 뿌리라는 뜻입니다. 아르디는 직립 보행을 할 수 있었던 것으로 보이지만 나무 위에서 생활하면서도 땅 위에서 이동할 능력을 가진 것으로 추정됩니다.[2,3,4,5]

오스트랄로피테쿠스는 이들에 비해 훨씬 발전된 두발걷기를 한 고인류였습니다. 오스트랄로피테쿠스는 여러 종으로 나뉘는데, 그중 가장 유명한 개체는 '루시'로 알려진 오스트랄로피테쿠스 아파렌시스(*Australopithecus afarensis*)입니다. 1974년에 에티오피아에서 발견되었는데, 키는 약 1.1미터에 여성으로 추정되며 지금까지도 가장 유명한 고인류 중 하나입니다.[6] 인류학자 도널드 요한슨(Donald Johanson)과 함께 연구하던 대학원생이 에티오피아에서 발견할 때 〈루시 인 더 스카이 위드 다이아몬드(*Lucy in the*

Sky with Diamonds)〉라는 팝송을 듣고 있었기에 '루시'라는 별명이 붙었습니다. 보통 이빨 조각이나 손가락 하나만 발견돼도 환호성을 지르는데, 이 고인류 화석은 무려 온몸의 40퍼센트가 한꺼번에 발견되었습니다.

또한 오스트랄로피테쿠스는 도구를 사용했던 최초의 호미닌으로도 보입니다. 그들이 만든 도구는 매우 단순했지만, 이는 당시의 생활방식과 환경에 적응하기 위한 중요한 진보였습니다. 주로 돌을 이용해 만들었는데, 뼈를 깨고 고기를 자르거나 식물을 파는 데 사용되었습니다. 그리고 오스트랄로피테쿠스는 집단으로 생활해서 사회를 이루고 살았을 것으로 보입니다. 초기의 사회는 자원을 공유하고 서로 보호해 주는 등 적응 면에서 이점을 제공했을 것으로 추정되죠. 인류는 처음부터 사회적 동물이었습니다.

재미있게도, '오스트랄로피테쿠스'라는 이름을 처음 붙인 고생물학자 레이먼드 다트(Raymond Dart)는 오스트레일리아 출신입니다. 1924년에 오스트랄로피테쿠스 아프리카누스(*Australopithecus africanus*)를 발견했죠. 오스트랄로피테쿠스는 '남쪽의 원숭이'라는 뜻인데, 오스트레일리아는 '남쪽의 섬'이라는 뜻이거든요. 이 둘의 명칭이 우연히도 서로 어울리네요? 이 화석은 최초로 발견된 오스트랄로피테신입니다.

오스트랄로피테쿠스 아프리카누스는 약 300만 년에서 200만 년 전 남아프리카에서 살았던 호미닌입니다. 뇌 용량은 현대 인간의 약 절반 정도였지만, 그 구조와 형태는 유사합니다. 치아와 턱구조 역시 현재의 인간과 유사하며, 떨어진 열매나 뿌리 같은 식물성 음식을 섭취했을 것으로 보입니다. 다리의 구조와 발의 형태로 미루어 볼 때, 직립 보행을 했던 것 같습니다. 그러나 팔다리는 여전히 나무를 오르는 데 적합한 형태를 유지하고 있어서 나무 위와 땅을 오르내렸을 것으로 생각됩니다.

레이먼드 다트는 가난한 농촌 가정의 다섯째로 태어났습니다. 등록금이 없었기에 막 설립된 퀸즐랜드대학에서 장학금을 받았고, 결국 원하던 시드니 의대에 가서 의사가 되었습니다. 그런데 스승인 그래프턴 엘리엇 스미스(Grafton Elliot Smith)와 사이가 좋지 못해서 남아프리카공화국의 신설 대학인 위트워터스랜드대학으로 쫓겨나다시피 옮겨 갔습니다.

옮겨 간 학교에서 그는 수업 중에 "주변에서 동물이나 인간의 화석을 발견해서 가져오면 5파운드를 주겠다"라고 제안했고, 그 대학의 유일한 여학생 조세핀 샐먼이 비비의 두개골 화석을 가지고 왔습니다. 다트는 비비의 화석이 발견된 채석장에서 오스트랄로피테쿠스 아프리카누스의 화석, '타웅 아이(Taung child)'를 발견했습니다. 다트가 채석장에 연락해서 화석 비슷한 것이 나오면 가져달라고 요청했거든요. 소설 같은 이 발굴기는 1925년《네이처》에 대서 특필되었습니다.[7]

그런데 당대의 주류 학계는 강하게 반발했습니다. 특히 스승이었던 스미스는 인류가 유럽에서 기원하여 주변으로 확산했다고 생각해서 다트가 발견한 것은 인류의 조상이 아니라 침팬지나 원숭이라고 주장했습니다. 발견된 화석의 뇌 용량은 400cc 남짓으로 침팬지와 비슷한 수준이었거든요.

하지만 다트의 편을 들어주는 학자도 있었습니다. 고령의 박물학자 로버트 브룸(Robert Broom)은 1947년에 속칭 '플리스 부인(Mrs. Ples)'을 남아공의 여러 석회암 동굴에서 발견합니다.[8] 약 215만 년 전에 살았던 같은 종의 고인류입니다. 사실 남성인지 여성인지는 불확실하니, '미스터 플리스'일지도 모르죠.

물론 브룸은 글래스고 의대를 나온 산부인과 의사였으므로 아마 그의 추측이 맞을 겁니다. 브룸은 남아공 빅토리아대학에서 동물학과 지질학 교수로 재직하다가 진화론을 주장한다는 이유로 쫓겨나기도 했었죠. 그러나 의사로 생계를 유지하면서 진화인류학 발굴과 연구 작업을 계속해 나갔습니다.

처음엔 터무니없다는 소리를 듣던 인류의 아프리카 기원설은 올두바이, 쿠비포라, 하다르, 사하라사막에서 고인류의 화석이 계속 발견되면서 정설이 되었습니다. 사실 다윈은 이미 반세기 전에 『인간의 유래와 성선택』에서 인류가 아프리카에서 시작했을 거라고 추측한 적이 있었습니다. 하지만 당시의 선입견에 가로막혔죠. 주목받지 못했던 예언에 가까운 다윈의 추측이 드디어 빛을 보기 시작했습니다.

도구 인류, 핸디맨

1959년, 고인류학자 루이스 리키(Louis Leakey)와 메리 리키(Mary Leakey) 부부는 탄자니아 올두바이 협곡에서 연구를 진행하던 중, 약 160만~200만 년 전의 지층에서 총 네 명의 화석으로 추정되는 두개골과 뼛조각을 발견했습니다. 어린아이의 화석인데도 뇌 용량이 510~600cc에 달했죠. 이는 성인 크기의 오스트랄로피테쿠스 아프리카누스의 뇌 용량인 500cc보다 많은 것이었습니다.

이는 오스트랄로피테쿠스와는 다른 새로운 종임이 분명했습니다.[9] 리키 부부는 오스트랄로피테쿠스의 명명자인 다트와 상의한 끝에, 이 새로운 종에 호모 하빌리스(*Homo habilis*)라는 학명을 부여했습니다. '도구를 사용하는 인간'이라는 뜻이죠. 별명은 핸디맨(handy man), 즉 손 쓰는 사람입니다.

호모 하빌리스는 플라이스토세 초기였던 약 231만 년 전부터 165만 년 전까지 동아프리카와 남아프리카에서 살았습니다. 일부 표본은 호모 루돌펜시스(*Homo rudolfensis*)로 분류됩니다. 오스트랄로피테신과 동시대에 살았지만, 큰 뇌와 작은 치아를 가지고 있었죠. 도구를 만든 최초의 호미닌이라고 하지만, 사실 원시적 도구는 그 이전부터 널리 사용된 것으로 보입니다. 아직도 오스트랄로피테신과 다른 종인지에 대한 논란이 있으며, 호모 하빌리스와 호모 루돌펜시스를 하나의 종으로 보기도 합니다.

하지만 오스트랄로피테신과는 여러 면에서 달랐던 것으로 보입니다. 물론 1미터를 약간 넘는 신장과 20~40킬로그램 정도의 체중은 오스트랄로피테신과 크게 다르지 않고, 나무도 곧잘 탔을 것으로 보입니다. 하지만 본격적으로 올도완(oldowan, mode 1 tool) 석기를 사용했고, 특히 가축을 도살하고 고기를 자르는 데

능숙했을 것으로 보입니다. 대략 70~80명 정도가 집단을 이루고 살았을 것으로 추측되고요.

핸디맨이 살던 시절은 다양한 인류가 공존했습니다. 제법 가까운 호모 루돌펜시스를 비롯해 뒤에서 설명할 호모 에렉투스, 오스트랄로피테쿠스 세디바(Australopithecus sediba), 파란트로푸스 보이세이(Paranthropus boisei) 등이 아프리카 대륙에서 살았습니다.

아프리카를 떠난 나리오코토메 소년

나리오코토메 소년(Nariokotome Boy)은 1984년에 케냐의 투르카나 호수 근처 나리오코토메 강 유역에서 발견되었습니다. 이 화석은 리키 부부의 아들인 고인류학자 리처드 리키(Richard Leakey)와 앨런 워커(Alan Walker)에 의해 발견되었는데, 두개골, 척추, 대부분의 사지 뼈, 골반까지 온전했습니다. 약 160만 년 전에 살았던 8~12세 정도의 소년으로, 투르카나 소년(Turkana Boy)이라고도 부르죠.[10]

뇌 용량은 약 880cc로 추정되며 현대인의 약 3분의 2입니다. 그 이전의 조상에 비해 상당히 큰 뇌를 가지고 있었으므로 더 복잡한 사고와 정교한 행동이 가능했고, 더 큰 사회를 이뤘을 겁니다.

신장은 약 160센티미터로 추정되며, 성인이 되었다면 185센티미터까지 자랐을 것으로 예측됩니다. 장거리 걷기에 적합한 골격이고 걷기가 나무 타기보다 훨씬 익숙했을 것으로 보입니다. 다리는 길고 팔은 짧았으며, 더운 여름에도 효과적으로 열을 방출했을 테고, 땀도 흘리기 시작했을 거예요. 안타깝게도 젖니가 빠진 후 턱에 생긴 염증의 후유증으로 사망한 것으로 추정됩니다.

그렇다면 나리오코토메 소년은 호모 에렉투스, 즉 곧선사람이 었을까요? 이에 관한 논쟁이 치열합니다. 호모 에르가스터(*Homo ergaster*)였을 가능성도 큽니다. 호모 에르가스터의 화석은 주로 170만 년에서 140만 년 전 사이의 지층에서 발견되는데, 케냐의 투르카나 호수 기슭에서 발견되었기 때문에 세계 곳곳에서 발견 되는 호모 에렉투스와 어떻게 관련되었을지 논란이 있죠.

그래서 어떤 사람은 호모 에르가스터를 아프리카 호모 에렉투 스 혹은 호모 에렉투스 에르가스터라고 부릅니다. 둘은 다른 지역 에 살았던 같은 종이라는 주장입니다. 혹은 아시아에 살았던 호모 에렉투스를 좁은 의미의 호모 에렉투스, 아프리카에 살았던 호모 에르가스터를 넓은 의미의 호모 에렉투스라고 하기도 합니다. 그 리고 후자는 호모 안테세소르(*Homo antecessor*)나 호모 하이델 베르겐시스(*Homo heidelbergensis*)를 포함하기도 하죠.

아무튼 호모 에렉투스와 호모 에르가스터는 일도 잘하고, 오래 걷기도 잘하고, 도구도 잘 만들고, 사냥도 잘했어요. 에르가스터 는 일꾼이라는 뜻으로, 도구를 들고 열심히 일했지만 혼자 일하지 는 않았습니다. 이때부터는 남녀 간의 성적 분업이 일어난 것으로 보입니다. 즉, 남성과 여성이 서로 다른 일을 하면서 부부를 이뤄 협력했다는 것이죠. 한 명의 짝과 오래오래 살았을 테고, 논란은 있지만 아마도 불을 사용한 것으로 보입니다. 낮에는 부부가 서로 역할을 나누어 열심히 일하고, 저녁에는 화덕 옆에서 고기를 구워 먹으며 서로를 바라보는 다정한 호모 에르가스터가 상상되나요?

호모 에르가스터는 호모 하빌리스에서 진화했다고 추정됩니다. 그리고 호모 에르가스터는 많은 호미닌의 조상이 되었습니다. 아시아의 호모 에렉투스, 유럽의 후기 호미닌, 즉 호모 하이델베르겐시스와 호모 네안데르탈렌시스, 아프리카의 호모 사피엔스의 조상일 가능성이 높아요. 수많은 호미닌을 연결하는 중요한 역할을 하고 있죠. 아프리카에 살던 호모 하이델베르겐시스가 약 60만 년 전에 나타나니까, 아마도 최소한 그 이전까지는 아프리카에 살았던 것으로 추정됩니다.

호모 에렉투스는 아프리카를 떠난 최초의 호미닌입니다. 100만 년 전에는 일부 집단이 아프리카를 떠났을 겁니다. 물론 조지아와 중국 등에서 발견된 호모 에렉투스 화석의 연대가 훨씬 오래전으로 거슬러 올라가기 때문에, 아프리카의 호모 에르가스터가 아시아와 유럽에 살던 호모 에렉투스의 조상이 아니라는 주장도 있어요.

이들은 인구가 증가하면서 새로운 서식지를 찾아 아프리카를 떠나 유럽과 아시아로 이동한 것으로 보입니다. 이미 오스트랄로피테신은 약 300만 년 전에 아프리카 사바나 전역에 퍼져 살았으니, 호모 에르가스터가 아시아의 초원 지역으로 영역을 넓히지 못할 이유가 없습니다.

앞서 말한 조지아 지역의 호모 에렉투스를 드마니시인(Dmanisi People)이라고 부릅니다. 이들은 약 180만 년 전에 나일강을 따라서 이동했거나 홍해의 남쪽 해협을 지났을 것으로 생각됩니다.

그런데 드마니시인은 호모 에르가스터와 비슷한 편이지만, 아직 주먹도끼가 발견되지 않습니다. 그래서 어떤 사람은 180만 년 전보다 훨씬 이전에 이동했다고 생각하기도 합니다. 게다가 뇌 용량도 600cc 정도로 작아서 호모 하빌리스에 더 가깝다고 하는 사람도 있습니다. 어떤 사람은 드마니시인을 호모 에렉투스가 아니라 호모 게오르기쿠스(*Homo georgicus*)라고 부르기도 합니다. 어쩌면 호모 에르가스터 이전에 이미 인류가 아프리카 밖으로 떠났는지도 모릅니다.

그러나 이스라엘 우베이디야와 자바에서 발견된 호모 에렉투스는 150만 년 이전으로는 올라가지 않습니다. 그래서 180만 년 전 무렵에 천천히 이동했다고 보는 학자가 많습니다. 하지만 중국의 몽골고원에서 호미닌이 만든 석기가 종종 나오는데, 무려 연대가 210만 년 전으로 올라갑니다. 훨씬 이전에 중국까지 갔을지도 모른다는 뜻이죠. 그래서 아시아로 이동한 호모 에렉투스가 진화해서 다시 아프리카로 이동하여 호모 에르가스터가 되었다는 주장도 있습니다.

하지만 2020년에 남아프리카공화국 요하네스버그 드리몰렌(Drimolen) 지역에서 발견된 호모 에르가스터 화석이 무려 200만 년 전의 것으로 확인되면서 궁금증이 많이 해소되었습니다. 투르카나에서 발견된 호모 에르가스터가 최소 200만 년 전에 아프리카 남부 드리몰렌 지역까지 이동했다면, 드마니시 지역에 180만 년 전에 이동한 것도 이상하지 않습니다. 비슷한 시기에 중국 고원 지역에서 석기가 발견된 것도 놀랍지 않죠. 수만 년이면 충분히 이동하고도 남을 테니까요.

나리오코토메 소년의 친척이 이동한 경로가 제법 복잡하죠? 수백만 년 전에 일어난 일이라서 아직 연구가 많이 필요합니다. 우리의 오랜 조상이 전 세계에 널리 퍼져 살았다니, 흥미진진한 연구 주제입니다. 조금씩 이동했던 것일까요, 아니면 새로운 땅을 찾아 한 번에 긴 여행을 했던 것일까요? 아직은 미스터리입니다.

인도네시아로 건너간 자바맨

네덜란드의 인류학자 외젠 뒤부아(Eugène Dubois)는 어린 시절부터 진화론과 박물학에 관심이 많았습니다. 그는 암스테르담 의대를 졸업한 후 임상 의사의 길을 접고 해부학을 전공하며 학자의 삶을 꿈꿉니다. 그리고 비교해부학을 전공하면서 유인원과 인간을 잇는 중간 종을 찾겠다는 포부로 다양한 공부를 하며 미래를 준비하죠.

그는 당시 네덜란드 동인도회사가 있던 인도네시아 지역에 자신이 찾는 고인류가 있을 것이라고 확신했습니다. 이곳은 긴팔원숭이(Gibbon)가 사는 지역이기도 했고, 뒤부아는 열대 지방에서 인류가 기원했다고 믿었거든요. 이 지역을 연구하고 싶었던 그는 서른이 가까운 나이에 군의관으로 입대하여 인도네시아에 배치된 후, 틈틈이 수마트라섬과 자바섬을 뒤지면서 후보지를 물색했습니다.

그는 정부에서 아무런 지원을 받지 못하고 군의관 임무를 병행하느라 1년이나 시간을 허비한 후에야 수마트라섬에서 본격적인 조사를 시작할 수 있었습니다. 그리고 포유류 화석을 발견하는 성과를 거둡니다. 그제야 네덜란드 정부는 그가 발굴 임무에 전념하도록 하고, 수십 명의 죄수를 동원해서 뒤부아를 돕도록 했습니다.

1891년 8월, 뒤부아는 트리닐솔로강 인근에서 두개골 뚜껑과 어금니를 발견하고 이듬해에는 대퇴골을 찾아냅니다. 처음에는 안트로포피테쿠스 에렉투스(*Anthropopithecus erectus*)라고 이름 붙였다가, 나중에 앞뒤를 바꾸어 피테칸트로푸스 에렉투스(*Pithecanthropus erectus*)라는 이름을 붙입니다. 원숭이 인간, 즉 원인(猿人)이라는 뜻이죠. 지금은 화석이 발견된 지역인 자바를 붙여서 자바 원인 혹은 자바맨(Java Man)이라고 합니다. 오스트랄로피테쿠스보다 한참 전에 발견된 호모 에렉투스입니다. 하지만 실제 살았던 시기는 한참 뒤입니다.

강가에서 발견되어서 추정 연대도 아주 넓습니다. 어떤 지층인지 애매하기 때문입니다. 약 70만 년 전에서 149만 년 전의 것으로 보이죠. 현재는 70만 년 전에서 100만 년 전으로 추정하고 있습니다. 사실 두개골과 어금니, 대퇴골이 같은 종의 것이라는 주장도 완벽하게 입증된 것은 아닙니다. 물론 같은 개체에서 유래했을 가능성이 크긴 하죠. 어쩔 수 없는 일입니다. 뒤부아가 살았던 시대에는 과학적 발굴 기법도, 연대 측정법도 없었기 때문입니다.

생물학자 에른스트 헤켈(Ernst Haeckel)은 여러 척추동물의 진화적 순서를 설명하며, 종 사이에 발견되지 않은 중간형, '잃어버린 고리(missing link)'가 있다는 말을 처음 썼습니다. 이 용어는 지질학자 찰스 라이엘과 소설가 쥘 베른 등이 자신의 책에서 사용하면서 널리 알려졌죠. 인간과 유인원 사이의 중간 형태를 가진 종에 관한 대중적 관심은 지금도 여전합니다. 실제로 히말라야나 남미 혹은 지구 내부의 빈 공간에 공룡이나 원시인 등이 살아가고

헤켈의 상상 속 잃어버린 고리. 그는 아직 발견되지 않은 중간 형태의 생물이 있다고 믿었다.[11]

있을 것이라고 믿는 사람도 있으니까요.

자바맨이 발견되자 사람들은 잃어버린 고리를 찾았다면서 환영했지만, 사실 인류학자들은 별로 좋아하지 않는 말입니다. 인류가 하나의 족보를 따라 일직선상에서 진화한 것 같은 오해를 불러일으키기 때문입니다. 게다가 지금은 화석이 아주 많이 발견되어서 잃어버린 고리라고 부를 만한 시기도 없습니다. 미국 로키산맥 근처의 전설 속 괴수 '빅풋'이나 히말라야의 설인 '예티', 네스호의 괴수도 여전히 발견되고 있지 않지요.

뒤부아는 자신이 발견한 자바맨이 그 잃어버린 고리라고 확신했습니다. 그렇다면 긴팔원숭이의 특징과 인간의 특징을 모두 가지고 있어야 했죠. 두개골 크기도 유인원과 인간의 딱 절반이어야 했고요. 뒤부아는 인류가 한 단계씩 도약하며 진화했고, 그때마다 뇌가 두 배씩 커졌다고 믿었거든요. 물론 자바맨은 그런 증거를 보여주지 않았습니다. 독일의 병리과 의사이자 인류학자였던 루돌프 피르호(Rudolf Virchow)는 자바원인의 화석이 인간이 아니라 긴팔원숭이의 대퇴골이라고도 했습니다.

이렇듯 20세기 초는 다양한 인류학적 주장이 난무하던 시기입니다. 독일의 에른스트 마이어는 한꺼번에 여러 종류의 인간이 존재할 수 없다고 하면서, 베이징맨과 자바맨을 모두 같은 속으로 분류해야 한다고 주장하기도 했죠. 지금은 베이징맨과 자바맨, 나리오코토메 소년 등을 모두 호모 에렉투스로 분류하고, 각각 아종(亞種)으로 나누는 것이 일반적입니다.

동아시아로 걸어간 베이징맨

1921년, 스웨덴의 지질학자 요한 안데르손(Johan Andersson)과 오스트리아의 고생물학자 오토 츠단스키(Otto Zdansky)가 미국의 고생물학자 월터 그레인저(Walter Granger)에게 발굴 교육을 하고 있었습니다. 베이징 근처의 저우커우뎬이라는 곳이었는데, 그곳에 계골산(鷄骨山), 즉 닭 뼈가 많은 산이라는 이름의 유명한 발굴지가 있었기 때문입니다.

그런데 채석장 인부가 근처의 용골산(龍骨山)으로 가면 좋을 것이라고 조언합니다. 전통 의학의 약재로 쓰이던 화석이 흔히 발견되던 곳이었거든요. 아닌 게 아니라 츠단스키는 용골산에서 인간의 어금니를 발견합니다.

캐나다 출신의 해부학자 데이비슨 블랙(Davidson Black)은 1919년부터 북경연합 의대에서 학생을 가르치고 있었습니다. 그는 처음에 주로 강의에 전념했지만 영국에서 공부할 때는 진화인류학에 관심을 두었고, 주변에서 인간의 것으로 추정되는 화석이 발견되자 연구에 다시 전념했습니다. 앞서 말한 어금니를 건네받아 시난트로푸스 페키넨시스(Sinanthropus pekinensis)라는 이름을 붙이기도 했죠. 지금은 자바맨처럼 발견된 곳의 명칭을 그대로 따서 북경원인 혹은 베이징맨(Peking Man)으로 부릅니다.

당시 중국 정부는 유물의 외부 반출을 금지했습니다. 대신 외국 학자들이 중국 내에서 발굴 및 분석 작업을 하도록 격려했죠. 그래서 블랙은 대학 당국과 중국 정부, 록펠러재단을 설득해서 중국에 신생대연구소를 세우고 발굴 작업에 박차를 가합니다. 그리고 1929년, 두개골 뚜껑을 발견합니다. 이후에도 두개골 발굴이 이어지면서 동아시아 지역에 호모 에렉투스가 번성했다는 확실한 증거가 됩니다.

안타깝게도 1934년에 블랙이 급사하고 독일의 인류학자 프란츠 바이덴라이히(Franz Weidenreich)가 뒤를 이어 발굴했습니다. 바이덴라이히는 하이델베르크대학의 인류학 교수로, 유태인이었습니다. 그래서 나치가 득세하던 독일의 대학에서 쫓겨나 연구를 계속하기가 어려웠습니다. 그는 중국으로 향했고, 블랙의 뒤를 이어 베이징맨에 관한 연구를 계속합니다. 1935년에 신생대 연구소장으로 취임한 후, 그때까지 발굴된 수많은 표본을 깔끔하게 정리하고 체계적으로 분석했죠.

그 후로 중국과 일본의 전쟁이 점점 치열해지자, 화석 표본의 안전을 보장할 수 없는 상황이 되었습니다. 당시 미국은 어느 편도 들지 않았기에, 바이덴라이히는 그때까지 발굴한 약 40개의 화석을 잘 모아서 뉴욕의 자연사박물관으로 보내려 했습니다. 그런데 하필 그때 진주만공습이 벌어졌고, 화석을 실으려던 배는 침몰했습니다. 혼란한 상황 속, 그가 보내려던 화석은 어디론가 사라져 지금도 찾지 못하고 있습니다.

하지만 표본을 석고로 잘 떠놓은 데다가 사진과 그림도 남아 있어서 베이징맨의 존재를 입증하는 데는 전혀 무리가 없었습니다. 그리고 중국의 국공내전이 끝난 후에는 광범위하게 발굴이 이루어져 추가적으로 많은 화석을 찾았습니다.

아마도 베이징맨은 최소 70만 년 전부터 살았던 것으로 보입니다. 중국의 다른 지역에서 발견되는 석기는 무려 200만 년 전으로 거슬러 올라가고, 화석도 170만 년 전까지 거슬러 올라갑니다. 아마 동아시아에는 호모 에렉투스가 오래도록 번성했던 것 같습니다.

베이징맨은 사슴 등 여러 동물을 사냥했고, 음식을 불로 구워 먹었습니다. 물론 여러 설이 많습니다. 하이에나가 사냥한 것을 훔쳐 먹었는지, 정말 직접 사냥한 건지도 알 수 없죠. 심지어 식인 풍습이 있었다는 주장도 있답니다. 유독 두개골이 많이 발견되었고, 깨진 뼈가 많기 때문입니다. 물론 확실한 증거는 없습니다.

공산주의 국가였던 중국에서는 베이징맨을 선전의 도구로 쓰기도 했습니다. 원시 공산제 사회를 찬양하면서, 집단의 공동선을 위해 조화롭게 살아가는 모습으로 그린 것입니다. 인간이 두 발로 걸으면서 자유로워진 손을 사용하여 노동을 시작했고, 이것이 엥겔스의 '노동이 인간을 창조했다'는 이념을 뒷받침한다고 생각했죠.

프리드리히 엥겔스는 카를 마르크스와 함께 공산주의 이론을 발전시킨 중요한 인물입니다. 특히 인간의 진화와 노동의 관계에 대해 깊이 있는 통찰을 제시했습니다. 그의 관점은 1876년에 쓴 에세이 『유인원에서 인간으로의 이행에서 노동이 맡은 역할(*The Part Played by Labour in the Transition from Ape to Man*)』에 잘 나타나 있습니다. 노동과 두발걷기, 양손의 자유, 도구 사용, 사회적 협력, 원시 공산 사회, 언어의 발달 등에 관한 이야기를 담고 있죠.

정말 인간은 노동을 위해서 두발로 걷기로 결심한 것일까요?

험난한 자연에 맞서기 위해서 모두 협력하는 평등한 세상, 원시 공산 사회를 만들었을까요? 만약 그렇다면 베이징맨이 발견된 곳에서는 노동을 위한 정교한 석기도 많이 발견됐어야 했는데 뜻밖에도 그렇지 않았습니다.

진화에 대한 편견을 드러낸 필트다운맨 소동

1908년에서 1911년 사이, 영국 이스트서식스 주의 필트다운에서 아마추어 고고학자 찰스 도슨(Charles Dawson)이 현생 인류 이전의 뼛조각들을 발견했습니다.

도슨은 당시 대영박물관의 아서 스미스 우드워드(Arthur Smith Woodward)에게 이 사실을 보고했고, 추가적인 발굴 작업을 벌인 뒤 '에오안트로푸스 다우소니(Eoanthropus Dawsoni)'라는 학명과 함께 '필트다운맨(The Piltdown Man)'이라는 이름을 받아 이를 '잃어버린 고리'의 결정적인 증거로 논의했습니다. 그도 그럴 것이, 두개골은 현생 인류와 매우 흡사하면서도 치아와 아래턱은 침팬지와 흡사했기 때문입니다.

그러나 시간이 지나면서 인간의 머리뼈와 유인원의 아래턱뼈를 붙인 조작품이라는 의혹이 불거졌습니다. 앞서 나온 바이덴라이히가 대표적이었죠. 그러자 도슨은 추가 발굴로 의혹을 불식시키려 했습니다.

결국 의심을 완전히 떨쳐버리지 못한 채 필트다운맨 화석은 추가적으로 과학적 조사 과정을 거쳤고, 그 결과 1953년에 중세 시기 인간의 머리뼈와 오랑우탄의 아래턱뼈, 침팬지의 치아 등을 합친 뒤 다양한 화학 처리를 거쳐 조작한 것으로 밝혀졌습니다.

필트다운맨 소동은 당시 학계에 가득했던 진화에 대한 편견을 드러냈습니다. 진화가 일직선으로 이어진 과정이라는 편견이었죠. 그뿐 아니라 인류학계 내외에 고인류 화석의 진위에 관한 학문적 진실성이 얼마나 중요한지 알려준 사건이었습니다.

모비우스와 전곡리

모비우스 선(Movius Line)은 고고학자 할람 레너드 모비우스(Hallam Leonard Movius)가 1948년에 제안한 것으로, 인도 북부를 가로지르는 가상의 선입니다. 이 선은 동서양의 초기 선사시대 도구에 드러난 기술 차이를 설명하기 위한 것입니다.

모비우스는 인도 북동부의 유적지에서 구석기시대의 석기들을 연구하면서 이상한 현상을 발견했습니다. 이 지역에서는 좀처럼 주먹도끼가 발견되지 않고, 왠지 단순한 형태의 석기만 나온 것이었습니다. 조사해 보니 동아시아에서는 아슐리안(Acheulean) 석기가 거의 발견되지 않았습니다. 100만 년 전부터 동서양의 석기

기술이 확연히 달랐던 것이죠. 동양은 찍개(Chopper), 서양은 주먹도끼(Acheulean hand axes) 문화였던 것입니다.

도대체 왜 이런 일이 벌어진 것일까요? 모비우스는 석기 기술이나 문화의 차이가 존재한다고 주장했습니다. 즉, 호모 에렉투스는 아슐리안 석기 기술이 개발되기 이전에 아프리카를 떠났고, 이후에 그 기술을 창안하지 못했다는 주장입니다. 아니면 원래는 알고 있었지만, 아시아로 오면서 기술을 잃었을지도 모르고요. 심지어 아시아에는 대나무가 많기 때문에 돌을 쓸 일이 없었다는 주장도 있습니다.[12]

그런데 놀라운 일이 일어났습니다. 1977년, 주한미군 공군 상병인 그렉 보웬(Greg Bowen)이 한탄강에서 한국인 여자 친구와 데이트를 하다가 아슐리안 석기와 비슷한 돌을 발견한 것입니다. 이는 약 30만 년 전의 전기 구석기시대 유물 '전곡리 주먹도끼'로 밝혀졌고, 수천 점의 석기가 추가로 발굴되었습니다.

이 발견은 고고인류학계에 큰 파장을 일으켰습니다. 그 이전에는 동아시아에서 아슐리안형 뗀석기가 발견되지 않았기 때문에 모비우스가 주장한 구석기 문화 이원론이 득세하고 있었는데 전곡리에서 아슐리안식 석기가 발견되었고, 이후 중국과 유럽에서도 아슐리안형 석기가 발견되면서 모비우스 학설이 큰 타격을 받은 것입니다.

하지만 여전히 논란은 있습니다. 일단 아프리카나 유럽에서 발견되는 주먹도끼에 비해 모양이 투박합니다. 아름다운 물방울 모양의 정교한 석기가 아닌 데다 개수도 많지 않죠. 특히 연대와 관련해 큰 논란이 있습니다. 초기에는 약 30만 년 전으로 추정되었으나, 후속 연구에서는 6만~12만 년 전, 또 다른 연구에서는 약 4만 년 전으로 추정되기도 했던 것이죠. 연천 인근의 지층 형성 시간을 확인하는 것이 매우 어렵기 때문에 여전히 명확하지 않습니다. 30만 년 전이라면, 고인류학에서는 비교적 최근입니다. 아프리카 주먹도끼는 100만 년 이전으로 거슬러 올라가니까요.

● **토론해 봅시다**

Q1. 호미닌이 나무 위에서 생활하다가 땅으로 내려온 이유는 무엇일까?

Q2. 새로운 곳으로 이주할 때 장거리 이주가 유리할까, 단거리 이주가 유리할까?

Q3. 왜 동아시아 지역에서는 아슐리안 석기가 거의 발견되지 않았던 것일까?

2장

하이델베르크인에서
호모 사피엔스까지

앞에서 살펴본 오스트랄로피테쿠스에서 호모 에렉투스까지의 여정은 인류 진화의 초기 단계입니다. 불확실한 환경에서 살아남기 위해 다양한 생존 전략과 신체적 특성을 발전시켰죠. 이러한 초기 단계 인류의 진화적 적응은 후손이 지구상의 다양한 환경에 적응할 수 있는 토대를 마련했습니다.

이제 그 이후의 여정을 시작합니다. 이 시기는 인류가 더 복잡한 사회적 구조를 형성하고 세련된 도구 사용 등의 기술적 능력을 발전시키면서, 다양한 지역으로 이주하는 매우 중요한 시기였습니다. 점점 추워지는 기후, 건조한 환경, 잦은 재난이 벌어졌습니다. 호미닌 조상은 이러한 도전에 대응하며 생물학적·문화적 진화를 이뤄냈습니다.

험난한 환경에 적응하려고 노력했다기보다는, 결과적으로 적응에 성공한 개체가 살아남아 우리의 조상이 되었다고 하는 편이 정확하겠네요. 그러면 복잡하게 흘러간 긴 인류 진화의 강줄기 하류를 거슬러 올라가봅시다. 하이델베르크인부터 호모 사피엔스까지의 이야기입니다.

지혜로운 사냥꾼, 하이델베르크인

1907년, 독일 하이델베르크 남부의 마우어 지역에서 흥미로운 턱뼈가 발견됩니다. 아주 큰 턱이었는데, 약 64만 년 전에 살았던 원인의 것으로 보였습니다. 마우어 1(Mauer 1)이라고 부릅니다. 그리고 1921년에는 잠비아 카브웨에서 두개골이 발견되어 호모 로데시엔시스(*Homo rhodesiensis*)로 명명되었죠.[1]

그 무렵 저명하던 진화생물학자 에른스트 마이어는 인류를 세 종으로 나누자고 제안했습니다. 당시에는 호모 트랜스발렌시스(*Homo transvaalensis*)라고 불리던 오스트랄로피테신과 호모 에렉투스 그리고 호모 사피엔스였죠. 너무 많은 고인류종을 인정하고 싶지 않았던 겁니다. 진화인류학을 처음 공부하던 대학원생일 때 저도 같은 마음이었습니다. 외우는 것이 싫어서 말이죠.

그래서 마우어에서 발견된 턱뼈나 카브웨에서 발견된 두개골을 넓은 의미에서 호모 사피엔스 혹은 고(古) 호모 사피엔스 등으로 부르는 학자도 있습니다. 그렇지만 호모 에렉투스에서 바로 호모 사피엔스로 진화했다고 보기에는 여러 측면에서 맞지 않는 점이 많았습니다. 그래서 이들은 호모 하이델베르겐시스, 즉 하이델베르크인이라고 부릅니다.

하이델베르크인은 호모 에렉투스에서 진화하여, 이후 네안데르탈인과 현대인의 공통 조상이 되었을 것으로 보입니다. 아프리카의 호모 하이델베르겐시스를 호모 로데시엔시스로 부르기도 하죠. 각각 네안데르탈인/데니소바인(Denisovan)과 호모 사피엔스의 조상이라고 할 수 있겠네요. 물론 어떤 학자는 하이델베르크인을 호모 에렉투스의 일종이라고 보는 것이 옳다고 주장합니다.

호모 하이델베르겐시스는 플라이스토세 중기에 살았던 인류입니다. 주로 유럽과 아프리카에서 발견된 화석이지만, 어떤 사람은 아시아의 화석도 포함시키곤 합니다. 뇌 크기는 평균 1,200cc로 현대인과 비슷하고, 키는 지역에 따라 다르지만 대략 170~180센티미터 정도입니다. 체형은 네안데르탈인과 상당히 비슷합니다. 호모 에렉투스나 호모 에르가스터와 비교해 보면, 현대인에 더 비슷한 얼굴 구조를 가졌습니다. 남녀의 골반은 제법 다른 형태입니다. 남성과 여성이 같이 어울려 살았고, 퇴행성 질환을 앓을 정도로 오래 살았던 것으로 추측됩니다.

하이델베르크인의 별명은 사냥꾼입니다. 사슴, 코끼리, 멧돼지, 산양, 코뿔소 등을 잡은 흔적으로 미루어 보아 큼직한 동물을 잘 잡았던 듯합니다. 아프리카에서는 소와 말도 잡아먹었는데, 혼자 사냥하기 어려운 대형 동물이라 여럿이 힘을 합쳐 사냥했을 것으로 추측됩니다. 그런데 생선뼈는 별로 발견되지 않았습니다. 물고기는 좋아하지 않았거나 낚시 실력이 사냥 실력에 비해 형편없었을지도 모르죠.

사냥을 하려면 좋은 도구가 필요했을 텐데, 하이델베르크인은 우수한 기술로 아름다운 주먹도끼를 만들었습니다. 후기 아슐리안 석기는 얇고 대칭적인 모양의 아름다운 주먹도끼입니다. 창도 잘 만들었습니다. 운 좋게도 독일의 쇠닝겐(Schöningen) 유적지에서 무려 30만 년 전의 나무 창이 썩어 없어지지 않고 발견되었으며, 심지어 아프리카에서는 50만 년 전의 창 촉이 썩어 없어지지 않고 발견되기도 했습니다.

불도 사용했습니다. 불의 흔적이 많지는 않지만, 아예 없는 것도 아닙니다. 추운 유럽에서는 오히려 불을 많이 쓰지 못했고, 자연 발화가 흔한 아프리카에서 자주 사용했을 것으로 보는 학자도 있습니다. 하이델베르크인은 오두막집도 짓고 살았습니다. 바위와 흙으로 기초를 닦고, 위에 나뭇가지 등으로 아치형 지붕을 만들었죠. 아쉽지만 집에서 화덕은 발견되지 않았습니다. 불은 피웠지만 자유자재로 쓰지는 못했나 봅니다.

이제는 제법 동물과 구분되는 명실상부한 '인간'의 느낌입니다. 집도 짓고, 불도 쓰고, 다양한 도구도 사용했다니 말이죠. 그러면 말도 했을까요?

사실 하이델베르크인이 언어를 사용했는지 여부는 불명확합니다. 왼손잡이는 오른쪽 뇌의 발달과 연관되고 오른손잡이는 왼쪽 뇌의 발달과 연관이 있는데 이들은 골격을 보았을 때 오른손잡이였을 것으로 보입니다. 언어는 왼쪽 뇌가 담당하므로 어쩌면 이들도 언어를 사용하지 않았을까 추정하는 학자도 있습니다. 43만 년 전 스페인에서 살았던 호모 하이델베르겐시스의 설골이나 중이골의 모양을 토대로 언어 사용 능력을 추정하는 학자도 있습니다. 그러나 이들은 하이델베르크인이 아니라 네안데르탈인이라고 생각하는 학자도 많습니다.

나이 많은 라 샤펠오생인

『종의 기원』이 발표되기 3년 전인 1856년, 독일 뒤셀도르프 근처의 네안데르 계곡에서 건설 노동자들이 동굴에서 뼈를 발견했습니다. 그들은 대수롭지 않게 여기고 동굴 밖에 버렸는데, 채석장 주인이 이 뼈를 발견하고 교사인 요한 카를 풀로트(Johann Karl Fuhlrott)에게 알렸습니다. 풀로트는 이 뼈가 빙하기 인류의 유골임을 알아차렸고, 초기 인류의 화석으로 인정받은 첫 사례가 되었습니다.

당시 사람들은 인간이 신에 의해 창조되었고, 모든 시대의 인간이 똑같이 생겼다고 믿었습니다. 심지어 루돌프 피르호와 같은 유명한 연구자조차 호모 사피엔스 이전에 다른 인류가 있었다는 사실을 부인하곤 했습니다.

이 화석은 이마가 낮고 눈두덩이가 튀어나온 형태였기 때문에 긴팔원숭이나 침팬지를 연상시켰습니다. 일부 해부학자와 인류학자는 고인류의 뼈라고 주장했지만, 당시 독일 학계를 지배하던 병리학자 루돌프 피르호는 이 주장에 강하게 반대했습니다. 피르호는 단순히 비타민 D 결핍으로 인한 구루병 환자의 뼈라고 여겼습니다. 피르호가 얼마나 고집을 피웠는지, 이 화석이 호모 네안데르탈렌시스로 분류되기까지는 8년이나 걸렸습니다.

네안데르탈인은 하이델베르크인에서 진화한 것으로 보입니다. 약 4만 년 전까지 유라시아에 살았던 고인류로, 현생 인류와는 다른 종으로 간주됩니다. 분리된 시기는 약 31만 5,000년 전부터 80만 년 전까지 다양하게 추정됩니다. 가장 오래된 네안데르탈인 화석은 약 43만 년 전으로 거슬러 올라갑니다. 즉, 하이델베르크인 중 일부는 오래전에 네안데르탈인이 되었고, 나중에 일부가 호모 사피엔스가 되었다는 것입니다.

네안데르탈인은 재미있는 특징이 많습니다. 화석에는 유독 골절 흔적이 많습니다. 아마 큰 동물을 상대로 근접 사냥을 했을 것으로 보입니다. 체격이 아주 강건해서 직접 몽둥이로 때려잡는 사냥을 좋아했던 것인지, 멀리서 던져서 잡는 방식의 사냥을 하지 않았습니다. 튼튼한 체격에 짧은 팔다리를 가지고 있죠. 이런 체형은 힘도 세지만, 추운 기후에서 체열을 보존하기에도 유리합니다. 남성의 키는 약 165센티미터였고 여성은 153센티미터였으며, 두개골 용량은 현대인보다 컸습니다. 큰 두개골도 추위를 견디기 위해 적응한 결과로 추정합니다.

또한 네안데르탈인은 이전 인류와 달리 주로 오른손을 사용했을 것으로 보이는데, 이는 뇌의 좌우 반구가 기능적으로 각기 다른 역할을 맡는 식으로 구조화되었다는 뜻입니다. 이런 편측화 경향은 언어를 사용했음을 시사합니다. 언어를 사용했다면 사회 생활도 활발했겠죠? 도구 사용 능력이 향상되었고 복잡한 석기도 제작했습니다. 불도 아주 자유롭게 사용한 것으로 추정합니다. 바느질을 했는지는 모르지만 옷도 만들어 입었습니다. 어떻게 보아도 하이델베르크인보다는 살림살이가 나아졌죠.

그런데 지금은 네안데르탈인이 한 명도 없습니다. 약 3만 년 전에 스페인 지브롤터해협 근처를 끝으로 모두 사라졌습니다. 그들은 왜 멸종했을까요? 네안데르탈인의 멸종은 뭇사람의 호기심을 자아내는 화제입니다. 그래서 히말라야 깊은 곳에 아직 이들의 후손이 종래의 삶의 방식을 유지하며 살아간다는 전설이 떠돌기도 합니다. 히말라야의 설인인 '예티' 전설이죠. 이들의 목격담은 많으나 아직 한 번도 확실한 증거가 발견된 적은 없습니다.

네안데르탈인의 멸종 원인에 대해서는 다양한 가설이 제시되었습니다. 한때는 호모 사피엔스와의 전쟁으로 인해 멸종했다는 주장이 있었죠. 그러나 호모 사피엔스 혹은 네안데르탈인이라는 이름은 후대의 인류학자가 붙인 학술적 명칭에 불과합니다. 당시 원시인이 각자 종을 나누고 서로를 적대시했을 리 없습니다. 체형과 체구가 좀 다른 부족이라고 여겼겠죠.

인류는 홀로세가 시작되고 밀집 도시를 건설하며 정주 생활을 하기 전에는 굳이 피 터지게 전쟁을 벌일 이유가 없었습니다. 영역성을 보이지 않는 동물은 싸우지 않죠. 그래서 중기 구석기 이전에는 부족 간 전쟁의 흔적이 매우 드뭅니다.

아프리카에서 이주한 인류가 가져온 질병으로 인한 멸종 가설도 있습니다. 신대륙의 원주민이 유럽인의 질병으로 인해 대규모로 죽었던 역사를 감안하면 그럴듯합니다. 추워서 감염병이 적은 유럽 지역에서 수십만 년간 살았던 네안데르탈인이니 새로운 질병에 대한 저항력이 약했을 수 있습니다. 그러다가 새로운 감염병에 떼죽음을 당했다는 것도 일리가 있죠.

하지만 그랬다면 수십 년, 아무리 늦어도 수백 년이면 모조리 죽었어야 합니다. 그러나 네안데르탈인의 수는 수만 년에 걸쳐 천천히 감소했습니다. 감염병의 전파 속도를 감안하면 이상합니다. 그렇게 오랜 시간이라면 저항력이 진화할 만도 한데 말이죠.

경쟁적 대체 가설도 있습니다. 이 가설에 따르면, 수십만 년간 호모 사피엔스와 네안데르탈인은 비슷한 지역에서 공존했습니다. 전쟁도 역병도 없었지만, 호모 사피엔스의 인구는 점차 증가한 반면 네안데르탈인의 인구는 점점 줄어들었다는 것입니다.[2]

사실 네안데르탈인은 그리 번성하지 못했습니다. 총 인구는 늘 많지 않았고 많아도 3만 명이 넘지 않았을 것으로 보입니다. 수명도 짧아서 대부분 40세 이전에 사망했을 것으로 추정되고요. 유아 사망률도 40퍼센트에 육박했을 것입니다. 특히 네안데르탈인 사회에서는 성별 역할 분담이 없었고, 남녀 모두 똑같은 일을 했던 것으로 보입니다. 반면 호모 사피엔스는 사냥은 주로 남성이, 채집은 주로 여성이 담당했으며, 이러한 역할 분담이 생산 효율성을 높이고 더 많은 출산을 가능하게 해준 것으로 보입니다.

경쟁적 대체가 이어지면서 숫자가 줄어들던 네안데르탈인 중 일부는 호모 사피엔스에 흡수되었을지도 모릅니다. 네안데르탈인과 초기 현대인 사이의 교배 가능성은 오래전부터 제안된 가설입니다. 1890년대부터 몇몇 인류학자가 이 가설을 지지했지만 확실한 증거는 없었습니다.

그러다가 1998년에는 포르투갈의 라가르 벨로(Lagar Velho)에서 네안데르탈인과 호모 사피엔스가 혼합된 특징을 가진 어린이의 무덤이 발견되었습니다. 아마도 부모 중 한 명은 네안데르탈인, 한 명은 호모 사피엔스였을 것으로 보입니다. 하지만 뼈의 모양만으로 교배 가능성을 말하기는 어렵습니다.

그러다가 2010년, 드디어 확실한 증거가 발견됩니다. 네안데르탈인의 게놈이 현대 인류에 존재한다는 사실이 밝혀진 것이죠.[3] 크로아티아의 빈디야 동굴(Vindija Cave)에서 세 개의 표본이 발견된 것입니다. 우리는 모두 네안데르탈인의 후손입니다.[4] 최소한 아프리카 밖의 인류라면 말이죠.

현대 유럽인과 동아시아인의 게놈에서는 네안데르탈인 DNA가 1~4퍼센트 정도 발견됩니다. 하지만 네안데르탈인의 Y 염색체와 미토콘드리아 DNA가 현대인에게 없는 것은 이상한 일입니다. 호모 사피엔스 여성과 네안데르탈인의 남성이 만나 오직 딸을 낳아야만 가능한 일이거든요. 그러나 아직은 증거가 충분하지 않습니다. 이들의 아들은 건강하지 못했던 것일까요? 반대의 교배, 즉 호모 사피엔스 남성과 네안데르탈인 여성의 교배는 결실을 맺지 못하고 끝난 것일까요? 혹은 네안데르탈인 Y 염색체가 호모 사피엔스 Y 염색체로 대체되었기 때문일 가능성도 있습니다. 앞으로 많은 연구가 필요합니다.[5]

잠깐 데니소바인 이야기를 해볼까요? 네안데르탈인은 현생 인류보다 러시아 남중부 히말라야의 데니소바 동굴에서 발견된 데니소바인과 더 밀접한 관계가 있습니다. 네안데르탈인과 데니소바인은 핵 DNA를 기준으로 현생 인류보다 더 최근의 공통 조상을 공유합니다. 데니소바인의 게놈을 분석한 결과, 게놈의 17퍼센트가 네안데르탈인에서 유래했다는 사실이 밝혀졌습니다.[6]

흥미롭게도 데니소바인의 유전자는 오세아니아, 특히 멜라네시아 원주민에게 많이 발견됩니다. 호주의 아보리진이나 필리핀의 네그리토에서도 많이 발견되죠. 시베리아와 오세아니아는 아주 멀리 떨어져 있는데 무슨 일이 있었던 것일까요?

다시 네안데르탈인으로 돌아가서, 가장 유명한 네안데르탈인은 1908년에 발견된 라 샤펠오생인(La Chapelle-aux-Saints 1)입니다. '라 샤펠의 노인'이라는 별명이 있는데, 나이가 45~65세로 추정됩니다. 호모 네안데르탈렌시스의 완전한 인간 골격을 갖추었는데, 보존 상태가 양호한 것은 프랑스에서 가장 오래된 무덤에 묻혀 있었기 때문입니다. 약 6만 년 전에 살았죠.[7]

그런데 라 샤펠의 노인은 다양한 병을 많이 앓았습니다. 왼쪽 고관절 기형, 발가락 골절, 경추의 심한 관절염, 갈비뼈 골절, 척추 신경이 지나가는 접합관 협착 등이죠. 연골이 상했는데도 절뚝거리며 걸었습니다. 치아는 몇 개만 남고 몽땅 빠졌고요.

이도 없고 제대로 걷지도 못하는 노인이 어떻게 살았을까요? 네안데르탈인은 공감 능력을 가지고 서로 도왔을 것으로 추정합니다. 앞니와 송곳니, 작은 어금니가 있었으니 대충 씹을 수 있었을 것으로 보기도 합니다. 장례를 치러주었다는 주장도 있습니다. 사실 부상을 당한 사람을 도와준 흔적은 호모 하이델베르겐시스에서도 몇몇 증거가 있으니 네안데르탈인이 어려운 이웃을 도운 것이 아주 새로운 일은 아닙니다.

네안데르탈인은 제법 문화적인 삶을 누린 것으로 보입니다. 점토 안료인 황토(ochre)를 피부나 동물 가죽에 발랐습니다. 최초의 보디페인팅입니다. 스페인에서는 네안데르탈인이 사용했을 것으로 추정되는 색칠된 조개껍질이 발견되기도 했고, 새의 발톱은 장식품으로 사용되었을 것으로 추측됩니다.

심지어 슬로베니아에서는 곰의 뼈로 만들어진 것으로 추정되는 피리가 나왔습니다. 물론 이게 정말 피리인지, 정말 네안데르탈인이 사용했는지는 불확실합니다. 하지만 그랬다면 네안데르탈인이 어떤 곡을 연주했을지, 무슨 노래를 불렀을지 궁금해집니다.

작은 인간, 플로레스인

2003년, 인도네시아 플로레스섬의 리앙부아 동굴(Liang Bua Cave)에서 이전에 알려지지 않은 고인류의 화석이 발견되었습니다. 호모 플로레시엔시스(*Homo floresiensis*), '플로레스인'이라고도 불리며, 인도네시아 플로레스섬에서 살았던 종입니다. 현대 인류가 도착하기 전에 약 5만 년 전까지 생존한 것으로 추정됩니다.[8] 처음에는 이 종이 1만 8,000년 전까지도 살았다고 발표되어서 많은 사람이 깜짝 놀랐죠. 3만 년 전부터는 오직 호모 사피엔스만이 살아남았다고 알려져 있었거든요.

이 화석이 놀라웠던 점이 또 하나 있습니다. 바로 매우 작은 몸집입니다. 처음 발견된 개체는 약 1.1미터(3피트 7인치) 높이의 성인 여성이었습니다. 이후 아홉 명 이상의 개체가 추가로 발견되었는데, 하나같이 작은 체구였습니다. 그래서 '호빗'이라는 별명이 있습니다. 어떤 사람은 질병에 의해 몸이 작아진 것이라고 했고, 어떤 사람은 섬 왜소증* 때문이라고 했습니다. 하지만 이런 주장에 동의하는 사람은 그리 많지 않습니다.

혹시 오스트랄로피테신은 아닐까 싶지만, 시기가 너무 맞지 않습니다. 뇌 크기는 약 380cc로, 현대인의 3분의 1도 안 됩니다. 그러나 작은 두개골에도 불구하고 불을 사용하고 석기를 제작하는 등 복잡한 행동을 할 수 있었던 것으로 보입니다.

리앙부아 동굴에서는 1만 개가 넘는 석기 및 돌로 만들어진 다양한 인공물이 발견되었습니다. 발견된 도구 중 일부는 멸종된 코끼리 종류인 스테고돈과 관련이 있습니다. 즉, 작은 체구의 플로레스인이 스테고돈을 사냥했다는 겁니다. 물론 사냥을 했는지, 죽은 사체를 훔친 건지는 불확실합니다만, 여러 정황을 보면 적극적으로 사냥한 것 같습니다. 아직 불을 사용했다는 확실한 증거는 없지만, 그렇게 믿는 인류학자가 많습니다.

● 낮은 포식압과 자원 부족 등으로 인해 섬 지역에 거주하는 동물들의 크기가 작아지는 현상.

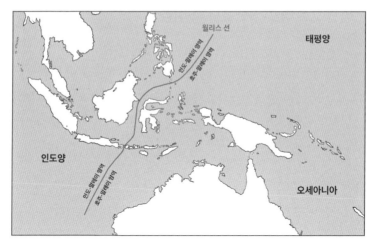

아시아와 말레이, 인도-호주 군도를 구분하는 월리스선. 이 선을 경계로 동쪽과 서쪽에 사는 생물의 종류가 나뉜다.

그런데 플로레스섬은 월리스선(Wallace Line) 동쪽에 있습니다. 월리스선은 월리스에 의해 발견된 생물지리학적 경계선으로, 쉽게 건널 수 없고 빙하기 때도 연결된 적이 없습니다. 그래서 이 선의 서쪽에서는 유인원과 고양이, 코끼리, 코뿔소 등 태반 포유류가 발견되지만, 동쪽에서는 태반이 없거나 불완전한 포유류인 유대류가 주로 발견됩니다.

그러니 월리스선 동쪽에서 고인류의 화석이 발견된 것은 참 기이한 일입니다. 플로레스섬에서 발견된 고인류가 배를 만들었는지, 아니면 조난당했다가 플로레스섬으로 이동한 것인지, 이들은 호모 사피엔스와 어떤 관계가 있는지, 아직 알 수 없는 일이죠.

아웃 오브 아프리카, 호모 사피엔스

약 200만 년 전부터 5만 년 전 사이, 여러 종류의 인류 조상들인 호모 에렉투스, 호모 하이델베르겐시스, 호모 사피엔스가 아프리카를 떠나 유럽과 아시아로 퍼졌습니다.

그러나 약 3만 년 전, 다른 종은 사라지고 호모 사피엔스만이 살아남아 동아시아, 동남아시아, 아프리카, 유럽 등으로 퍼져가고, 나중에는 아메리카 대륙에도 도달했습니다. 불과 수만 년 만에 전 세계로 이주한 셈입니다.

인류의 이동과 진화에 대해 여러 가설이 제시되었는데, 주요한 두 가지가 '아웃 오브 아프리카 가설(out of africa hypothesis)'과

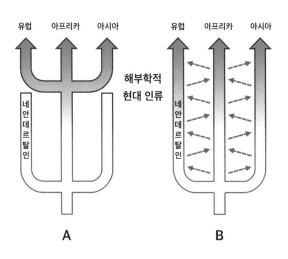

아웃 오브 아프리카 가설과 다지역 기원설을 도식화하면 이와 같이 그릴 수 있다. A는 아웃 오브 아프리카 가설, B는 다지역 기원설을 나타낸다.

'다지역 기원설(multiregional hypothesis)'입니다. 아웃 오브 아프리카 가설은 호모 사피엔스가 아프리카에서 기원하여 다른 호모 종을 대체했다고 보는 가설입니다. 반면 다지역 기원설은 호모 에렉투스와 같은 다양한 종이 각자의 지역에서 호모 사피엔스로 독립적으로 진화했다는 견해죠. 한편 다른 지역의 여러 호모종 간에 유전적 교배가 있었지만 지역적 독립성이 제법 높게 유지되었다는 절충안도 있습니다.

그러면 다지역 기원설부터 살펴볼까요? 약 200만 년 전에 처음 등장한 인간 종이 하나의 연속된 집단으로서 각 지역에서 진화했다는 가설입니다. 호모 에렉투스, 네안데르탈인 등 고대 인류의 형태부터 현대의 호모 사피엔스까지 포함되며, 전 세계적으로 다양한 개체군으로 진화했다는 것이죠. 이러한 가설은 화석 증거와 비교적 잘 맞는 것으로 보였습니다.[9]

하지만 유전자 연구 결과와는 잘 맞지 않았습니다. 그래서 다지역 기원설을 주장하는 사람도 예전에 비하면 다소 절충된 가설을 이야기합니다. 현대 인류가 아프리카에서 기원했지만, 다른 지역의 고대 호미닌 종과 소규모의 유전적 혼합을 겪었다는 것이죠. 아프리카의 역할을 더 강조하고 지역적 연속성을 약화시킨 수정안입니다.

그러나 인류학계에서는 절충적 주장을 지지하는 사람도 별로 없습니다. 게다가 각 집단별로 오랜 조상이 있다는 주장은 오래전에 악명을 떨쳤던 인종주의를 연상시킵니다. 물론 다지역 기원설이 인종주의와 직접적으로 연결되는 것은 아니지만, 그렇게 악용

될 여지가 있습니다. 그뿐 아닙니다. 중국인의 기원은 다른 민족과 다르다는 식의 민족주의적 주장도 다지역 기원설과 연결됩니다. 그래서 다지역 기원설은 비과학적일 뿐 아니라, 정치적으로도 바람직하지 않다고 여기는 사람이 많습니다.

이에 비해 아웃 오브 아프리카 가설은 현대 인류 호모 사피엔스의 기원과 초기 이동에 대해 널리 받아들여지고 있습니다. 여러 지역에서 인류가 병렬로 진화했다는 주장을 배제하기는 하지만, 유럽과 아시아의 고대 인간과 호모 사피엔스 사이의 교배 가능성은 배제하지 않습니다.

이 가설에 따르면 호모 사피엔스는 약 20만~30만 년 전에 아프리카에서 진화했습니다. 아마도 호모 사피엔스의 형태학적 특

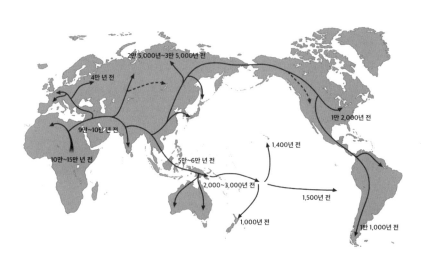

아웃 오브 아프리카 가설에 따른 인류의 이동 경로. 점선은 이동 경로에 관한 과학적 합의가 아직 이루어지지 않은 경로이며, 실선은 거의 확실한 이동 경로를 나타낸다.

징이 아프리카의 여러 지역에서 나타나고, 다른 개체군 간의 유전자 흐름으로 인해 원시적인 호모 사피엔스의 특징을 공유하는 집단으로 수렴했다는 의미겠죠. 그리고 이 중 일부가 아프리카를 벗어나 전 세계로 이주합니다. 비아프리카계 인류는 모두 아프리카를 빠져나온 인류의 단일 후손이라는 주장입니다.[10]

현대 인류가 아프리카 밖으로 이동한 일은 여러 차례 일어났는데, 가장 초기의 이동은 약 27만 년 전에 시작되어 그리스와 북아프리카, 아라비아반도로 이뤄진 것으로 보입니다. 그러나 초기의 시도는 모두 실패했습니다. 약 12만 년 전에도 아프리카에서 중동 지역으로의 이동 시도가 있었습니다. 이 시기의 화석은 이스라엘의 카프제(Kafzeh) 동굴과 스쿨(Skhul) 동굴에서 발견됐는데, 이 역시 성공적이지는 않았고요. 현재 아프리카 밖에서 살고 있는 인류는 대체로 5만~7만 년 전에 일어난 엑소더스(exodus)•의 결과로 보입니다. 대규모 집단이 이주에 성공한 것이죠.

사실 다지역 기원설과 아웃 오브 아프리카 가설은 언제 인류가 아프리카를 빠져나갔는지에 관한 논쟁에 불과한지도 모릅니다. 인류의 최초 조상이 아프리카에서 시작했다는 데는 모두 동의하거든요. 그래서 전자를 '아웃 오브 아프리카 I', 후자를 '아웃 오브 아프리카 II'라고 부르기도 하죠. 호모 사피엔스가 진화한 후

• '대탈출'을 의미한다. 『성경』의 「출애굽기」에서 유래한 말이다. 「출애굽기」는 선지자 모세가 유태인들을 이끌고 애굽, 즉 이집트를 탈출하는 이야기를 담고 있다.

에야 아프리카를 빠져나갔다는 가설은 '최근 아프리카 기원 가설(recent african origin hypothesis)'이라고도 합니다.

아마도 인류는 나일 계곡과 시나이반도를 거치는 북부 루트와 아라비아반도 남쪽의 밥엘만데브해협을 통한 남부 루트를 거쳐 아프리카 밖으로 이동했을 것 같습니다. 밥엘만데브해협은 가장 가까운 곳은 거리가 26킬로미터에 불과한데, 수만 년 전에는 해수면이 낮았기 때문에 더 가까웠습니다. 물론 남부 루트가 더 중요했던 것 같습니다. 인류는 아시아 남쪽 해안을 따라 인도와 인도차이나반도, 호주로 이동했습니다. 그리고 서아시아의 일부 집단은 북동쪽으로 이동하여 유럽으로 갔고, 일부는 시베리아로, 그리고 베링기아 육교를 건너서 아메리카로 이동했습니다.

여기서 다지역 기원설을 살펴볼까요? 아웃 오브 아프리카 가설이 무조건 정답은 아닙니다. 인류의 이동은 그리 간단했던 것 같지 않습니다. 수십만 년 전에 살았던 초기 네안데르탈인의 미토콘드리아 DNA는 데니소바인보다는 현생 인류에 더 가깝습니다. 그렇다면 현생 인류가 아프리카를 빠져나가기 전에 네안데르탈인을 만났다는 뜻입니다. 게다가 데니소바인은 호주나 멜라네시아인과 교배했던 것으로 보이고, 사하라 남부 피그미족과 산족은 70만 년 전에 인류 계보에서 멀어진 미지의 집단과 교배한 흔적이 보입니다. 아프리카의 작은 부족이 모든 인류의 조상이 되었고, 이 부족의 후손 중 아프리카를 빠져나간 작은 집단이 모든 유라시아, 오세아니아, 아메리카 인류의 조상이 되었다는 식으로 단순화된 가설은 맞지 않습니다.

물론 아웃 오브 아프리카 가설과 다지역 기원설은 인류의 기원과 진화에 관한 가장 중요한 이론입니다. 고인류학, 유전학, 고고학 분야에서 인류가 어떻게 시작되었고, 어떻게 전 세계로 퍼져 나갔는지에 대한 이해를 형성하는 데 큰 기여를 했습니다.

아웃 오브 아프리카 가설은 모든 현대 인류가 아프리카에서 기원하여 전 세계로 퍼졌다는 개념에 기반하고 있습니다. 이 이론은 유전학적 데이터와 화석 증거를 바탕으로 하며, 현대 인류가 다른 호모종과 구분되는 독특한 특징을 가지고 있다고 강조합니다. 인간 진화의 단일 기원을 지지하여 인종적 차이보다는 공통성을 더 크게 강조하는 인류학적 접근을 장려하죠. 모든 인류는 하나이므로 싸우지 말고 평화롭게 살자는 말일까요?

반면 다지역 기원설은 인류가 여러 지역에서 독립적으로 진화했다는 개념에 초점을 맞춥니다. 이 가설은 인류가 아프리카뿐 아니라 유라시아대륙에서도 동시에 진화했다고 주장하며, 지역적 환경에 적응하여 서로 다른 인류 집단이 각기 다른 형태로 발전했다는 점을 강조합니다. 생태적 차이와 문화적 변이에 관심이 많아서 획일성보다는 다양성을 강조하는 인류학적 접근을 장려합니다. 우리는 모두 다르므로 서로의 차이를 인정하고 평화롭게 살자는 정신일 수도 있습니다.

사람들은 인간성에 관한 입장에 따라 다지역 기원설을 좋아하기도 하고, 아웃 오브 아프리카 가설을 좋아하기도 합니다. 하지만 다양성은 종종 차별을 정당화하기도 하고, 인류는 하나라는 믿음은 획일성과 우열에 관한 편견으로 이어지기도 합니다.

최근 쏟아지는 연구를 보면, 어느 하나의 주장만 옳다고 할 수는 없습니다. 최초의 인류는 아프리카에서 시작되었고, 주변 환경에 따라 여러 집단으로 나뉘기도 했으며, 일부는 사라지고 일부는 번성했으며 일부는 아프리카를 나가기도 했고, 나뉘었던 집단은 다시 만나기도 했습니다.

7만 년 전에 화산 폭발로 인해 우르르 아프리카를 빠져나갔지만 여전히 아프리카에 남아 있는 집단도 많았고, 아프리카를 나간 집단은 이미 오래전부터 그곳에서 살던 집단과 만나 합치기도 했으며, 일부는 아프리카로 되돌아가기도 했습니다. 이렇게 수많은 집단이 나뉘고 합치기를 반복하면서 각자의 계통학적 형질과 생태학적 다양성에 알맞게 지금의 모습으로 진화했기에 우리는 모두 같으면서도 다르고 다르면서도 같은 것입니다.

맥 빠지게 들릴지 모르겠습니다. 그러나 이런 시시하고 지루한 설명이 인류학적 진실에 가장 잘 부합합니다.

● **토론해 봅시다**

Q1. 인류가 아프리카를 벗어나 다른 곳으로 이주한 이유는 무엇일까?

Q2. 우리가 계속해서 어딘가로 떠나고자 하는 이유는 무엇일까?

Q3. 호빗은 존재했는데 왜 거인은 존재하지 않았을까?

Q4. 과거부터 현재까지 오른손잡이가 많은 이유는 무엇일까?

3부

걷고 말하고 생각하는 존재

1장

두발걷기와 짝 동맹

인간과 다른 유인원을 구분하는 특징은 아주 많습니다. 몇 가지 예를 들어볼까요? 일단 인류는 털이 적습니다. 신생아는 다른 유인원 새끼에 비해 상대적으로 크고, 체중 대비 지방의 비율이 높습니다. 또한 출생 후의 뇌 성장이 비교적 빠르며, 대뇌피질은 다른 영장류에 비해 좌우 기능이 상당히 편향되어 있습니다. 소리나 몸짓, 이미지 등을 통해 즉각적이고 상징적인 의미를 구성하는 능력이 탁월합니다. 더 오래 살고, 성인기의 사망률이 낮으며, 번식을 시작하는 연령이 늦습니다. 도구를 잘 만들고, 거대한 사회를 이루며, 도덕과 종교를 가진다는 점도 특징이죠.

그러나 인간을 다른 유인원과 구분하는 가장 중요한 특징은 바로 두발걷기입니다. 맞춤법에 따르면 '두 발 걷기'가 맞지만, 인류학에서 흔히 쓰이는 말이므로 '두발걷기'로 붙여 쓰겠습니다. '두발걷기'는 호미닌에서 특별하게 진화한 이동 방식으로, 영어로는 'bipedalism'이라고 하죠.

그런데 인간은 왜 두발걷기를 시작했을까요? 그리고 그 변화는 어떤 결과를 낳았을까요?

왜 두 발로 걸었을까?

유인원은 주로 네 발을 사용해서 걷습니다. 유인원은 인간에 비해 팔, 즉 앞다리가 아주 길어서 네 발로 걷는 게 편하거든요.

그러나 인간은 오로지 두 발로 걷습니다. 인간은 다른 유인원에 비해 앞다리, 즉 팔이 짧아서 네 발로 걸으면 앞으로 고꾸라지기 쉽거든요. 인간은 비인간 영장류에 비해 뒷다리 길이가 34퍼센트나 더 깁니다. 이처럼 다리 길이가 전체 신장의 약 50퍼센트 정도는 되어야 두발걷기가 여러 면에서 효율적입니다.

두발걷기는 무려 700만 년 전부터 시작되었습니다. 처음에는 부분적으로 두 발로 걷다가 완전히 두 발로 진화했죠. 두발걷기의 기원에 대해서는 여러 가설이 있는데, 몇 가지 살펴볼까요?

일단 양서류 만능설은 물살을 헤치는 행동이 두발걷기를 촉발했다는 주장입니다. 헤엄치면서 자연스럽게 직립하게 되었고, 이것이 육지에서의 두발걷기로 발전했다는 것입니다.[1] 그러면 그냥 수영만 해도 되었을 텐데, 왜 물 밖으로 나왔을까요? 사실 이 주장은 수생 유인원 가설에서 시작되었습니다. 인간은 원래 물에 사는 유인원이었다는 유사과학적 주장입니다. 그러나 인류는 물이 부족한 반건조 지역에서 주로 진화했으므로 말이 되지 않습니다.

직립탐색설은 주변 환경을 더 잘 탐색하기 위해 두발걷기를 하게 되었다는 가설입니다. 네 발로 땅을 짚을 때보다 두 발로 일어서면 더 높은 곳의 시야를 확보할 수 있다는 것이죠. 이는 오랑우탄이 직립할 때 종종 나뭇가지에 몸을 지탱하는 것에서 영감을 받은 가설이라고 합니다. 원래 인간도 나무 위에 살았는데, 그때는 두 발로 걸을 필요가 없었을 것입니다. 나무 위에서는 더 멀리 볼 수 있었을 테니 말이죠.[2]

수컷 식량 획득설은 일부일처체와 두발걷기를 연결합니다. 수컷이 먹이를 제공함으로써 새끼의 생존율을 높이고, 번식률을 향상시킬 수 있었다는 것입니다. 수컷은 먹이를 찾아서 손으로 들고 집으로 돌아와야 했으므로 상당한 거리를 이동하기 위해 두발걷기를 발전시키게 됐다는 것이죠.[3] 하지만 일부일처제를 하는 긴팔원숭이는 왜 두발걷기를 하지 않는지 설명하기 어렵습니다.

투석설은 초기 인류가 두발걷기를 한 덕에 돌을 던져 포식자와 먹잇감에 대해 효과적으로 대응할 수 있었다고 주장합니다.[4] 그런데 인간이 사냥을 제대로 하기 시작한 때는 두발걷기가 시작되고도 한참 지난 후였습니다. 연관 짓기는 다소 무리가 있죠.

먹이 자세 가설은 식사를 위한 자세 변화를 강조합니다. 침팬지는 먹이를 구할 때 두발걷기를 사용하는데, 두발걷기가 먹이를 수확하는 데 효과적이라는 것이죠.[5] 오랑우탄은 나무 위에서 종종 앞발을 사용하여 자세를 바로잡습니다. 즉, 초기 두발걷기는 땅에서 걷기 위한 것이 아닙니다. 나무에 살던 아르디피테쿠스가 두발걷기에 알맞은 골격을 갖춘 이유를 잘 설명합니다. 아르디피테쿠스의 상부 골반은 인간의 골반과 비슷한 특징을 보입니다. 부서진 뼈를 재구성한 결과, 이 상부 골반은 짧고 넓은 형태로 나타났습니다. 허리, 즉 요추 부분이 앞으로 휘어져 있었던 것으로 보입니다. 확실히 인간과 유사한 구조를 가지고 있었으며 이는 두발걷기에 유리한 구조입니다. 또한 대퇴골 경부의 각도가 두발걷기에 적합했습니다. 그러나 손가락과 손바닥은 여전히 나무 타기 활동에 적합한 구조였죠.

기술적 조작설은 두발걷기를 통해 양팔이 자유를 얻은 덕분에 도구를 만들었다는 것입니다.[6] 그런데 최초의 도구보다 한참 전부터 두발걷기가 진화했으니 잘 맞지 않습니다.

아기 혹은 물건 운반설은 아기나 음식을 안고 이동하려고 두발걷기로 진화했다는 것입니다. 인간의 아기는 아주 연약하니 어머니가 두 팔로 꼭 안아야 했습니다.[7] 물론 채집한 식량도 입으로 물고 오는 것보다 양팔을 쓰는 편이 더 효율적이고요. 그런데 그 이유 때문이라면 두발걷기로 인해 여성이 아기를 낳기에 매우 불리한 작고 긴 골반을 가지게 된 것은 어떻게 이해해야 할까요?

체온 조절설은 두발걷기가 체온을 낮추는 데 도움이 되었다고 주장합니다. 햇빛도 덜 받고, 이글거리는 지열도 피한다는 주장이죠.[8] 하지만 대낮에 사바나를 돌아다니는 동물종이 한둘이 아닌데, 왜 인간만 두 발로 걷는 것일까요?

사바나설은 초기 호미닌이 살던 환경의 변화를 강조합니다. 초기 호미닌이 사바나에서 네 발로 걷다가 두 발로 전환했다는 것입니다.[9] 고생물학자 엘리자베스 브르바는 지구 온난화와 냉각으로 인해 숲이 줄어들면서 호미닌이 넓은 초원으로 이동했고, 이로 인해 두발걷기가 필요해졌다고 설명했는데, 이 가설은 이동 효율성 가설과 연결됩니다. 실제로 침팬지를 연구해 보면 네발걷기과 두발걷기의 에너지 효율성은 비슷합니다.

두발걷기가 한 가지 요인에 의해 시작되었을 가능성은 낮습니다. 아마 위에서 언급한 여러 요인이 함께 작용했을 것으로 보입니다. 사실 다른 유인원도 기회적 두발걷기를 하지만, 인류는 여러 사회생태학적 조건으로 인해 좀더 높은 수준의 두발걷기가 가능했을 것입니다.

두 발로 걸으며 바뀐 몸

1972년에 아프리카에서 발견된 약 190만 년 전의 호모 에르가스터 화석은 두발걷기의 진화 과정을 보여줍니다. 이 화석의 척추는 S자형으로 약간 휘어져 있는데, 현대 인간보다는 덜하지만 침팬지보다는 훨씬 더 휘어졌습니다. 이러한 척추 구조는 탄력적으로 늘어났다 줄어들며 충격을 흡수하는 기능을 합니다.

두발걷기의 진화와 함께 골반 위쪽의 체중이 요추에 집중되었고, 인간의 요추는 네 발로 걷는 다른 영장류에 비해 두꺼워졌죠.

전보다 훨씬 튼튼해졌지만, 체중의 압력을 받는 바람에 디스크 질환을 겪게 되었습니다. 정확하게 말하면 요추추간판탈출증이죠. 요통 등의 요추 질환은 인간에게서 유독 심하게 나타납니다.

인간의 다리는 해부학적으로 볼 때 안짱다리(genu valgum)입니다. 무릎 관절은 안으로 굽는데, 양측 고관절은 서로 멀고 양쪽의 무릎 관절은 서로 가깝게 위치하려니 어쩔 수 없습니다. 이 형태가 직립에 유리하기 때문입니다. 반면에 침팬지는 인간의 기준으로 보면 오다리(genu varum)입니다. 그래서 두 발로 걸으면 오리처럼 뒤뚱거리는 느낌이 들죠.[10]

어깨 관절은 270도 이상 자유롭게 움직입니다. 땅을 단단하게 지탱할 필요가 없기 때문에 날렵하고 유연하게 바뀌었죠. 대신 종종 어깨가 빠지기도 하고, 어깨 통증을 호소하기 쉽습니다.

후두골에 나 있는 커다란 구멍인 척수 대공은 점점 앞으로 이동해서 두개골의 무게중심이 직립 자세에 적합하도록 바뀌었습니다. 덕분에 뒤통수 부분에 붙는 근육이 줄어들어서 두개골의 앞과 뒤를 활처럼 잇는 부분이 더 넓게 펼쳐질 수 있게 됐습니다.

사실 두발걷기와 관련한 가장 큰 변화는 골격이 아니라 신경입니다. 네발자전거보다 두발자전거가 훨씬 타기 어렵듯이, 네 발이 아닌 두 발로 걷게 되면서 끊임없이 균형을 조절해야 했죠. 두발자전거는 아주 효율적인 운송 수단이지만, 익숙해지려면 연습이 필요합니다. 두발걷기도 마찬가지죠. 그래서 뇌신경 기능이 떨어지면 비틀거리거나 넘어지기도 합니다. 어린아이나 나이 든 노인이 두 발로 잘 걷지 못하는 것도 비슷한 이유입니다. 술을 너무 많이 마셔도 그렇죠.

그래서 두발걷기를 시작하면서 인류는 전신 골격 및 감각운동에 관련한 신경계가 광범위하게 진화했습니다. 특히, 운동을 조절하는 전두엽과 감각을 통합하는 두정엽이 크게 발달했습니다. 이는 복잡한 움직임과 균형을 유지하는 데 필요한 신경 회로의 발달로 이어졌죠. 균형과 공간 인식을 담당하는 전정계가 두발걷기에 맞춰 발달했고요. 두발걷기로 인해 손과 눈의 협응은 더욱 정교해졌습니다. 이는 도구 사용과 제작, 사냥 및 사회적 상호작용에서 중요한 역할을 했습니다. 감각운동 통합 능력의 발달이 일어난 것입니다.

그러면 어떤 순서로 걸을까요? 일단 곧게 뻗은 다리를 앞으로 내밉니다. 골반에 걸친 다리를 그네처럼 앞으로 흔들고, 딛고 있던 다리로 땅을 내딛습니다. 그러면서 척추를 살짝 회전해서 보폭을 늘리죠. 그러면 몸이 돌기 때문에 엉덩이를 밖으로 돌려서 균형을 잡습니다. 이 모든 과정에는 정교한 감각운동신경의 조율이 필요합니다. 무의식적으로 일어나는 행동이지만 상당히 어렵습니다. 두 발로 걷는 로봇을 만드는 것이 어려운 이유입니다.

게다가 천천히 걷기부터 빠르게 달리기까지 두발걷기는 여러 복잡한 균형 조절 능력이 필요합니다. 서 있는 것도 어려운데, 걷는 일도 해내야 하고, 심지어 달리기라니. 달리기를 하는 중에는 두 발이 공중에 동시에 떠 있기도 합니다. 묘기에 가깝죠.

골격과 신경뿐 아니라 근육도 달라졌습니다. 허벅지가 길어졌고, 특히 허벅지 앞뒤의 근육이 잘 발달했습니다. 엉덩이 근육도 크게 발달해서 고관절을 안정적으로 지탱할 수 있게 됐습니다.

흥미롭게도 남녀의 근육 차이는 다리 근육보다 팔 근육에서 더 크게 드러납니다. 두발걷기에 관여하는 다리 근육은 남녀 모두가 발달했지만 팔 근육은 그렇지 않았던 것이죠. 팔굽혀펴기는 여성이 남성을 좀처럼 이기기 어렵지만, 달리기는 남성과 여성의 차이가 크지 않다는 점을 보면 알 수 있습니다. 특히 마라톤 등 장거리 달리기의 성차는 더 작죠.

호모 에렉투스는 뛰어난 던지기 능력을 가졌지만, 이는 발의 감각과 강한 볼기근(둔근) 덕분에 가능했습니다. 볼기근은 여섯 개의 근육으로 구성되어 있으며, 이 중 큰볼기근(대둔근)이 가장 중요합니다. 큰볼기근은 엉덩이 관절 펴기, 고관절 외전 운동, 골반 기울이기 등 다양한 기능을 수행합니다. 유인원도 여섯 개의 볼기근을 가지고 있지만, 인간의 큰볼기근과는 다릅니다. 인간의 큰볼기근은 달리기에 필수적이며, 골반을 안정화하고 엉덩이를 펴줍니다. 중간볼기근도 힘과 균형 유지에 중요하며, 걸을 때 중요한 역할을 합니다.

두발걷기는 숨 쉬기에도 영향을 미쳤습니다. 네 발로 걸을 때 앞발로 어깨를 지탱하고 걸으면 가슴의 움직임도 그에 맞춰야 합니다. 숨은 걸음에 맞춰서 한 번씩 쉬어야 하죠. 그래서 동물은 열심히 네 발로 뛰어갈 때, 호흡 주기도 정확하게 리듬을 맞춥니다.

그런데 두발걷기를 하면 그럴 필요가 없습니다. 인간은 다리의 움직임 주기와 호흡 주기를 맞추지 않아도 됩니다. 다리와 가슴은 제법 거리가 멀거든요. 팔을 앞뒤로 휘저으면 걷는 것이 편안해지지만, 원한다면 꼭 그러지 않아도 됩니다. 덕분에 호흡을 자유자재로 조절할 수 있고, 입으로 여러 소리를 낼 수 있습니다. 군인들은 행진할 때 걷는 속도에 맞춰 구호를 외치곤 합니다. 그러나 마음만 먹으면 걷기와 엇박자를 내며 노래를 부를 수 있는 것은 인간만이 할 수 있는 능력입니다.

앞서 척수대공이 앞으로 이동하고 머리를 지탱하는 에너지 소모가 줄었다고 했는데, 두발걷기의 중요한 결과는 바로 여분의 에너지입니다. 두발걷기는 다른 동물의 입장에서 볼 때 묘기 수준의 이동 방식이지만, 근육에 소모되는 에너지는 훨씬 적습니다. 뇌의 감각운동 조율 능력을 향상시킨 대신, 근육의 에너지 소모량을 줄인 것이죠. 자전거 타기는 두발걷기보다 훨씬 높은 수준의 균형 감각이 필요하지만 힘은 아주 적게 드는 것과 마찬가지입니다.

그래서 두발걷기를 시작한 초기 호미닌의 뇌에서는 정수리의 감각운동피질이 가장 두드러지게 발달했습니다. 인간은 두 발로 걷기 시작하면서 비로소 인간이 될 수 있었습니다.

점점 작아진 골반, 점점 커진 고통

『구약성경』의 「창세기」에는 조물주가 여자를 창조한 후 다음과 같이 말했습니다. "여자에게 이르시되 내가 네게 임신하는 고통을 크게 더하리니 네가 수고하며 자식을 낳을 것이며."

인간이 출산 과정에서 겪는 어려움을 설명할 때 종종 이 구절이 언급되기도 합니다. 과거에는 대략 7퍼센트의 산모가 출산 중 사망했습니다. 전통 사회에서 여성에게 출산은 엄청난 공포였습니다. 지금은 출산 관련 사망률이 크게 낮아졌지만, 여전히 진통을 두려워하는 여성이 많습니다. 사실 저개발국가에서는 여전히 아기를 낳다가 죽는 여성이 많습니다. 그중 약 12퍼센트가 난산에 의한 것으로 추정됩니다. 매년 100만 명의 아이가 어머니의 골반을 빠져나오지 못해 사망합니다.[11]

그런데 흥미롭게도 인간 외에는 이렇게 산통을 심하게 겪는 포유류가 별로 없습니다. 도대체 인간에게 무슨 일이 생긴 걸까요?

앞서 말한 두발걷기의 진화로 인해 골반의 모양이 달라졌습니다. 골반은 점점 작아졌고 좌골극이 튀어나오고 천골이 넓어졌습니다. 골반의 역할이 척추와 뒷다리를 연결하는 것에서 상체 전체를 지탱하는 역할로 변화했죠. 그런데 골반이 접시 모양에서 좌우로 넓고 앞뒤로 좁은 사발 모양으로 변하자 출산 과정에서 아기가 세상으로 나오는 '문'이 좁아졌습니다.[12] 심각한 문제가 생긴 것이죠.

인간의 아기는 출산 과정에서 머리를 돌려가며 산도를 빠져나옵니다. 이 과정에서 아기는 자세 전환을 두 번 거칩니다. 먼저, 옆으로 고개를 밀어 골반에 들어서고, 그다음 90도로 꺾어서 머리가 나오는 방향으로 전환합니다. 이후 몸을 돌려 어깨를 골반의 전후 축에 맞춥니다.

이 복잡한 과정 때문에 대부분의 인간은 혼자서 아기를 낳기 어렵습니다. 그래서 과거에는 산파나 경험 많은 여성이 도왔고, 현재는 산부인과 의사가 이 역할을 하죠. 다른 포유류는 모두 혼자 새끼를 낳는데 말이죠. 오랑우탄이나 침팬지, 고릴라는 태어나는 신생아의 머리가 골반의 내강에 비해 훨씬 작기에 난산이 없습니다.

그러면 난산을 줄이기 위해 태아의 크기가 줄어들도록 진화하면 되는 것 아닐까요? 골반이 작다면 아기의 머리도 작게 만들면 될 텐데, 인간의 머리가 점점 크게 진화했다는 점이 의아할 것입니다. 이는 큰 머리가 주는 이득이 훨씬 높았기 때문에 일어난 일입니다.

이런 상황을 해결하기 위해 인간은 일찍 출산하는 길을 택합니다. 덕분에 신생아의 머리 크기는 점차 작아졌죠. 고릴라나 오랑우탄, 거미원숭이의 신생아 뇌는 성체의 절반에 해당하지만, 인간 신생아의 뇌는 성체의 30퍼센트에 불과합니다. 신생아 체중 대비 뇌 크기는 여전히 크지만, 다른 영장류에 비해 상대적으로 작은 편이죠.

사실 출생 체중은 4킬로그램이 좀 넘어야 가장 건강합니다. 그런데 그렇게 큰 아기는 낳을 수 없는 어머니가 많습니다. 그래서 실제로는 2.5~3.7킬로그램 정도로 낳는 경우가 많죠. 진화적 측면에서 보면 모든 아기는 조산아이자 미숙아입니다.

그래서 그런지 막 태어난 아기는 별로 예쁘지 않습니다. 100일 정도는 지나야 보송보송 귀엽습니다. 막 태어난 아기는 어머니 젖을 빠는 것 외에는 눈도 제대로 못 뜨고 목도 못 가눕니다. 너무 연약해서 24시간 내내 어머니가 돌봐야 합니다. 어머니 몸에서 나왔지만, 사실상 어머니 몸 안에 있는 것처럼 의존적이라고 해서 '모체 외 수태'라고 부릅니다.

신생아의 두개골이 완전하지 않은 상태로 태어나는 것도 적응의 한 부분입니다. 인간의 두개골은 총 여덟 개의 두개골판으로 되어 있는데, 두개골판이 겹쳐져서 태어나는 것이죠. 이로써 신생아의 두개골은 출산 과정에서 오는 압력을 견딜 수 있게 됩니다. 머리에 혈종이 생길 수 있지만 대부분은 시간이 지나면 자연스럽게 사라지고, 심지어 아기의 어깨가 골반에 껴서 때때로 쇄골 골절이 발생할 수 있지만 이러한 골절도 대부분은 자연스럽게 치유됩니다.

아기의 머리뼈가 겹쳐지며 적응하는 것과 함께, 어머니의 골반도 놀라운 적응을 보여줍니다. 출산 시에는 난소 및 태반에서 특정 호르몬이 분비되어 골반뼈 사이의 인대를 늘려줍니다. 이 과정은 아기의 머리 크기를 최소화하고 어머니의 골반 크기를 최대화하는 공동 작업의 일부입니다. 출산은 이러한 과정과 경험 많은 조력자의 도움, 즉 사회적 협력이 결합되어야 성공적으로 이루어질 수 있습니다.

한편, 조산 전략은 뜻밖의 이익을 가져왔습니다. 아기의 뇌는 출생 후에도 빠른 속도로 성장을 계속합니다. 출생 시점에 아직 뇌의 성장이 완결되지 않은 덕분에 출생 후 환경에 따라 뇌가 유연하게 발달할 수 있습니다. 첫 1년 반 동안의 양육이 인지, 언어, 정서 능력의 발달에 핵심적인 이유입니다.

정성을 다해 아기를 잘 돌보는 어머니는 건강하고 영리하게 아기를 키울 수 있습니다. 물론 아기는 어머니를 닮으니, 나중에 커서 아기를 낳으면 역시 대를 이어 정성껏 자식을 돌볼 겁니다.

최근까지도 신생아 사망률은 매우 높았습니다. 그래서 아기를 정성껏 돌보는 어머니의 행동 형질이 매우 빠르게 진화했습니다. 대충대충 건성으로 돌보면 아기는 살아남지 못하죠. 아기를 사랑하고 정성껏 돌보는 어머니의 행동 형질은 무의식 수준의 원초적 본능입니다.

이러한 여성의 본능적 행동이 얼마나 강했는지, 남성의 행동 형질에도 예기치 못한 파급 효과를 불러옵니다. 여성의 강한 모성 본능이 남성에게도 영향을 미쳐 부성 본능이 강화되었습니다. 남성들도 자식을 보호하고 양육하는 데 적극적으로 참여하게 되면서, 아기의 생존율이 높아졌죠. 아기를 돌보는 과정에서 형성된 강한 사회적 유대는 가족 구성원 간의 협력을 촉진하고, 사회적 구조를 강화하는 데 기여했습니다.

그러나 너무 일찍 태어나는 것도 아기에게 좋지 않습니다. 최적의 시기를 찾아 타협해야 하죠. 그 결과 인간의 모든 출산은 어느 정도는 조산이며 어느 정도는 난산이 됐습니다. 조산과 난산이 정확히 절반일 때가 진화적으로 '최적'의 출산 시기입니다.

즉, 인간은 두발걷기를 하면서 골반이 작아졌고, 이로 인해 난산을 겪게 되었습니다. 그래서 아기를 일찍 낳게 되었고, 인간의 신생아는 미숙한 상태로 태어납니다. 대신 출산 이후에 부모가 아기를 얼마나 잘 돌보는지에 따라서 아기의 생존과 발달이 크게 좌우됩니다. 다른 동물에 비해 생애 초기, 부모의 안정적 양육이 미치는 영향이 매우 커집니다.

서로 협력하고 오래 돌보다

소나 말은 막 태어난 새끼라도 눈을 뜨고 몇 시간도 안 되어서 뛰어다니곤 합니다. 이를 조숙성 동물이라고 합니다.

이에 반해 출생 시 매우 무력하며 눈도 뜨지 못하고 주로 둥지에 머무르거나 어미에 의해 보호받아야 하는 동물도 있습니다. 개나 고양이, 뻐꾸기나 독수리 등이 해당되죠. 이를 만숙성 동물이라고 합니다. 그런데 인간은 아주 심한 수준의 만숙성 동물입니다.

인간은 다른 영장류에 비해 약 4분의 1에 불과한 뇌를 가지고 태어납니다. 미숙한 뇌, 미숙한 신경 때문에 걷기는커녕 기지도 못합니다. 출생 후 몇 년이 지나야 마카크원숭이(Macaque)의 골 발달 수준에 도달하죠. 머리는 말랑말랑하고, 정수리에는 아예 두개골이 없는 부분도 있습니다. 그 덕분에 두개골이 서로 접히면서 난산을 견딜 수 있지만, 태어난 후에는 너무 연약합니다. 턱 근육은 두개골에 단단히 붙어야 하는데, 두개골이 약하니 씹을 수 없습니다. 태어난 지 1년이 지난 아기도 여전히 아주 부드러운 음식 외에는 먹지 못합니다.

막 태어난 아기는 위장관도 허약합니다. 출생 후 몇 달 동안 소화 효소가 부족하여 모유나 특수하게 만든 분유 외에 다른 음식은 제대로 소화하기 어렵습니다. 신생아에게 어른이 먹는 밥을 주면 배탈이 나죠.

체온 조절도 안 됩니다. 갓난아기를 여러 겹으로 입히고 싸고 덮는 이유입니다. 생후 15~21개월까지는 태아와 비슷한 발달 단계죠. 그래서 어머니가 아기를 몸으로 안아 따뜻하게 해줘야 합니다. 에너지 소모를 줄이고 포식자의 주의를 덜 끄는 장점이 있죠. 갓난아기의 울음은 "나를 포근하게 감싸주지 않으면 응애응애 울어서 곤란하게 만들 테다!"라는 의미일 수 있습니다. 흥미롭게도 아기를 안으면 어머니의 가슴과 유방 부위의 체온이 상승합니다.

인간의 생애 주기가 긴 것은 의존적이고 느리게 성숙하는 자식 때문입니다. 아기는 작고 무력하여 부모의 보호와 돌봄이 필요합니다. 어머니가 갓난아기를 오래도록 잘 보살피려면 어떻게 해야 할까요? 주변의 도움을 받아야 할 겁니다.

조산으로 인해 양육 부담이 증가하자, 초기 호미닌 집단의 사회적 조직은 변화를 겪었습니다. 영아는 부모의 양육에 더 의존하게 되었고, 이에 따라 여성은 남성에게 양육 분담을 강요했죠. 더 정확히 말하면, 여성의 양육을 돕는 남성이 자신의 유전자를 가진 아기의 생존을 도울 수 있었습니다. 조산과 난산의 선택압은 아주 강력했기 때문에 빠른 속도로 여성과 남성의 양육 분담이 진화했을 것입니다.

남성과 여성이 오래도록 사랑하며 서로 협력하고 아기를 같이 키우며 늙어가는 현상은 인간 사회에서 흔한 일이지만, 다른 영장류에서는 보기 힘든 일입니다. 침팬지는 오래 사랑하지 않으며 교미할 때마다 짝이 달라집니다. 그러니 수컷은 양육에 관심이 없습니다. 누가 아버지인지 알 도리가 없거든요. 조숙성을 보이는 새끼를 낳기 때문에 암컷 혼자서도 잘 키울 수 있습니다. 따라서 수컷은 막 태어난 새끼를 돌보는 것보다는 암컷의 숫자를 늘려서 교미를 많이 하는 편이 훨씬 유리합니다. 그래서 여러 암컷과 복잡한 관계를 맺고 살아갑니다. 그런데 인간은 그럴 수 없습니다. 갓난아기와 산모를 내팽개치고 돌아다니는 남성은 멀쩡하게 살아남은 자식을 하나도 얻지 못할 테니까요.

두 발로 걷는 여성은 아기를 양팔에 안고 있어야 했습니다. 네 발로 걷던 조상은 아기를 등에 매달고 다녔을 테지만, 두 발로 걸으면서 이러한 방식은 불가능해졌죠. 갓난아기를 돌보는 여성은 충분한 식량을 채집하는 것이 매우 어려워졌습니다. 이러한 상황에서 한 명의 아내를 선호하는 남성의 보호와 관심을 독점하는 편이 여성에게 유리했던 것이죠.

수렵채집 사회의 성인 남성은 자신이 먹을 양의 두 배 이상을 획득했습니다. 당시에는 냉장고도 없고 시장도 없었으니 이렇게 많이 식량을 구하는 것은 낭비였죠. 곧 음식이 상할 거니까요. 그런데 성인 여성은 자신에게 필요한 만큼의 식량도 생산하지 못했습니다. 그렇다고 여성이 남성에 비해 무능하다고 생각하면 곤란합니다. 여성은 20세경부터 약 5년 간격으로 다섯 명의 자식을 낳았기 때문에 항상 영아나 유아를 돌봐야 했습니다. 아기는 여성만 낳을 수 있으니까요. 아기를 낳지 않는 여성은 상당한 양의 잉여 생산을 할 수 있습니다. 그렇다면 인류 진화의 어느 시점에서 남성과 여성은 성적 분업을 통해 아이를 잘 키우기로 약속한 것일까요?

약속을 통해 진화가 일어나는 것은 아니지만, 결과적으로 그런 전략을 사용한 남녀가 건강한 아기를 낳고 무럭무럭 자라도록 도울 수 있었습니다. 여성은 미숙한 아기를 낳아 오래도록 정성을 다해 양육하고, 남성은 열심히 음식을 구해 아내와 아이에게 가져다주는 것입니다. 그래서 인간은 20세 이전에는 제대로 식량 생산을 하지 못합니다. 자식을 낳았을 때를 대비해서 어릴 때는 훈련에 집중합니다. 당장 필요한 식량은 아버지에게 의존하고, 대신 열심히 연습해서 나중에 어른이 되었을 때 많이 생산하는 것이죠.

반대로 침팬지는 암수가 서로 정기적으로 음식을 나누는 일이 드뭅니다. 일단 오래도록 정을 나누는 짝이 없습니다. 그래서 암수 모두 자기가 먹을 만큼만 식량을 구해서 대개 혼자 먹습니다. 옹기종기 모여서 먹는 일은 있지만, 많은 식량을 구해서 남에게 주는 일은 매우 드물죠. 고릴라도 마찬가지입니다. 수컷은 여러 암컷을 거느리지만, 암컷에게 먹을 것을 주지는 않습니다. 다만 힘이 약한 수컷을 몰아내는 식으로 암컷을 독점할 뿐입니다.

침팬지와 고릴라 모두 암컷이 새끼에게 젖을 주긴 하지만, 수유가 끝나면 이유식을 주는 일은 없습니다. 새끼는 곧 독립합니다. 자식이 부모에게 오래도록 의존하는 일은 일어나지 않습니다.

특히 양질의 단백질은 주로 다른 동물을 사냥해야 얻을 수 있습니다. 그리고 단백질은 아기의 발달 과정에 매우 중요하죠. 사실 영아 발달에 중요한 육류 공급이 불과 도구를 사용하게 만든 선택압이었을지도 모릅니다. 채식만 하는 아기는 건강할 수 없습니다. 지능도 낮아지고, 키도 작아지며, 병도 많이 걸립니다.

침팬지의 식단에는 단백질이 불과 2퍼센트에 지나지 않지만, 수렵채집인의 식단은 동물성 단백질이 60퍼센트에 달합니다. 극지에 사는 수렵채집인은 무려 99퍼센트에 달하는 경우도 있습니다. 그렇다고 아기를 돌보는 어머니가 사냥하러 나가면 곤란하겠죠. 양질의 단백질은 오래도록 열심히 배우고 연습해야 얻을 수 있습니다.

즉, 인류는 두 발로 걷기 시작하면서 조산과 난산을 겪었습니다. 그리고 이러한 어려움은 역설적으로 남성과 여성의 오랜 기간에 걸친 양육 동맹으로 이어졌습니다. 아기의 건강한 출산과 양육을 위해 각자 잘하는 일을 나누는 커플이 점점 번성했을 것입니다. 부부는 서로 협력하고, 부모는 아이를 오래도록 돌보았죠. 두 발걷기로 인해 가족이 탄생한 것입니다.

● **토론해 봅시다**

Q1. 호미닌이 두발걷기를 시작한 이유가 무엇일까?

Q2. 호미닌이 다른 영장류에 비해 무언가를 잘 던질 수 있게 된 이유는 무엇일까?

Q3. 인류가 조숙성이 아닌 만숙성을 가지게 된 이유는 무엇일까?

Q4. 산도는 좁아졌는데 인간의 머리는 계속해서 커진 이유는 무엇일까?

Q5. 인류가 난교 집단이 아닌 가족을 꾸리게 된 이유는 무엇일까?

2장

도구를 쓰는 인간

만약 갑작스럽게 아프리카나 동남아시아의 정글에 벌거벗은 채로 떨어진다면 무엇부터 할 것 같나요? 우선 안전한 은신처를 찾고 불을 피우려 할 것입니다. 그다음에는 포식자와 싸우는 데 필요한 나뭇가지나 날카로운 돌과 같은 다양한 도구를 만들려고 하겠죠. 한때 인기를 끌었던 서바이벌 예능 프로그램이 떠오르네요.

추운 환경에서 따뜻하고 안전한 장소를 찾고 도구를 사용하는 것은 동물도 하는 행동입니다. 까마귀도 막대기나 조약돌 등의 도구를 사용합니다. 불에 익힌 음식을 좋아하는 동물도 많습니다. 하지만 그 어떤 동물도 인간의 수준에 이르지 못합니다. 즉, 도구를 만드는 도구는 인간만 가지고 있습니다. 불을 스스로 만들어내는 능력도 인간만 가진 능력이죠.

혹시 문명 사회에 들어서면서 나타난 행동 형질일까요? '충분히' 똑똑해진 후에 도구도 쓰고 불도 쓰기 시작했다면 그럴 수도 있겠죠. 하지만 인간은 말을 하기 전부터 도구를 사용했고, 옷을 입기 전부터 불을 사용했습니다. 믿을 수 없을 정도로 이른 시기부터 도구와 불을 자유자재로 사용했죠.

도대체 인간은 왜 도구와 불을 사용하게 된 것일까요? 그리고 불과 도구의 사용은 인간성에 어떤 영향을 미치게 되었을까요?

자유로워진 손

도구를 사용하는 동물은 아주 많습니다. 영장류와 유인원은 물론이고 새나 고래, 코끼리도 도구를 사용합니다. 그러나 인간처럼 도구 사용에 능수능란한 동물은 없습니다. 호모 사피엔스는 도구 제작과 사용에 누구보다도 뛰어난 존재입니다. 우리가 하는 모든 일에는 도구가 필요합니다.

도구를 만들기 위해서는 '손의 해방'이 필요합니다. 이는 손이 몸을 지탱하고 이동시키는 역할에서 자유로워져야 한다는 의미입니다. 사실 어떤 동물도 인간의 두 손만큼 자유로운 기관을 갖고 있지 않습니다. 까마귀와 돌고래의 날개와 지느러미는 공기나 물에서 몸을 지탱하고 이동시키는 데 주로 사용하므로 다른 용도로 쓰기가 어려운 것처럼 말이죠.

1959년, 인류학자 케네스 오클리(Kenneth Page Oakley)는 이

렇게 말했습니다. "인간이 곧선 자세를 가지게 되자, 두 손은 자유를 얻었다. 도구를 만들고 조작할 수 있게 된 것이다. 두 손을 쓰기 위해서는 정신과 신체의 공조 능력이 필요했지만, 자유롭게 된 두 손은 이러한 공조 능력을 향상시키는 원동력이 되었다."[1]

침팬지나 고릴라도 마찬가지입니다. 이들은 손을 비교적 자유롭게 사용하지만, 인간의 수준에는 이르지 못합니다. 나무에도 올라가야 하고, 너클 보행(knuckle-walking)도 해야 하거든요.

너클 보행은 일부 영장류, 특히 고릴라와 침팬지에게서 관찰되는 특유의 보행 방식입니다. 동물들은 네 발로 걸을 때 앞발의 손가락 관절에 체중을 지탱하며 이동합니다. 즉, 손의 손가락 끝이 아닌 주먹을 쥐고 손가락의 뒷부분, 즉 '너클' 부위로 땅을 짚고

침팬지의 너클 보행. 손가락의 등 마디 부분을 지면에 대고 걷는다.

걷는 것입니다. 너클 보행은 나무 위 생활과 완전한 지상 생활의 중간 단계로 볼 수 있습니다. 나무 위 생활에 적합한 팔과 손의 구조를 유지하면서도 땅 위에서 효율적으로 이동할 수 있기에, 나무 위와 땅 위를 오가는 영장류에게 유용합니다.

오스트랄로피테신은 너클 보행을 별로 하지 않고 땅에서는 거의 두 발로 걸었을 것으로 보입니다. 발자국 화석이나 오스트랄로피테신의 골격 구조를 통해 알 수 있습니다.

그렇다면 손목뼈는 더 이상 체중을 지탱할 필요가 없었겠죠. 손목 관절은 더 날렵하고 유연하게 진화했습니다. 손목의 안정성이 높아지면서 손가락의 미세한 운동을 도울 수 있게 됐습니다. 살짝 휘어진 손가락 뼈는 점점 더 길고 가늘고 곧게 바뀝니다. 손목의 회전 반경도 늘어나고, 특히 여러 손가락을 사용하여 물건을 쥐는 능력이 크게 향상됩니다. 인대와 뼈의 여러 결합도 훨씬 유연하게 바뀌었죠.

그러나 초기 인류의 도구는 그리 정교하지 않았습니다. 인류가 처음 만든 도구는 올도완 석기로, 대략 260만 년 전부터 170만 년 전의 구석기시대 초기에 해당합니다. 주로 아프리카에서 발견되었으며, 탄자니아의 올두바이협곡에서 유래했습니다.

올도완 석기는 주로 돌을 때려서 날카로운 가장자리를 만드는 방식으로 제작되었습니다. 인류는 그렇게 만든 원시적 도구로 채집도 하고 뿌리 식물도 채취했죠. 특히 동물의 긴 뼈를 깨는 데 많이 사용했던 것으로 보입니다. 뼈를 깨고 골수를 빼서 먹은 것이죠. 골수는 영양가가 높고 특히 지방이 풍부합니다. 다른 동물이 먹다 남은 뼈라도 상관없습니다. 그런데 길고 튼튼한 뼈는 사자라고 해도 부러트리기 어렵습니다. 초기 인류는 다른 육식성 동물이 먹다 남긴 뼈를 가져다 돌로 깨트려 골수 만찬을 즐겼을 것입니다.

물론 뼈에 붙은 고기도 뜯어먹어야 합니다. 치아보다는 석기가 더 유용하죠. 인류 최초의 도구는 나이프의 역할도 톡톡히 했습니다. 당시 호미닌의 화석과 같이 발견되는 동물의 뼈에는 날카로운 상처가 많이 남아 있습니다. 분명 석기로 칼질을 한 흔적인데, 돌로 질긴 인대도 끊고 뼈에 붙은 고기도 발라내고 먹기 좋은 크기로 토막 냈을 것입니다.

하지만 본격적 석기라고 하면 아슐리안 석기입니다. 이는 인류학자들을 오래도록 괴롭혔던 석기이기도 합니다. 그러면 아슐리안 석기를 발견하던 때로 돌아가봅시다.

아슐리안 석기의 미스터리

자크 부셰 드 페르트(Jacques Boucher de Perthes)는 19세기에 프랑스 아브빌시 근처에 살던 세관이었습니다. 나폴레옹의 첩보원이었다고도 하는데, 유물 수집이라는 고상한 취미가 있었습니다. 그래서 근처 채석장을 즐겨 찾았습니다. 하루는 채석장 인부에게 자랑 삼아 자신이 수집한 돌덩어리를 보여주었는데, 물방울 모양의 돌조각으로 사람 손의 두 배 크기였습니다. 경계는 날카로웠고요.

근데 인부들은 채석을 하다 보면 흔히 보이는 돌이라며 작고 쓸모없어서 버리곤 했다는 의외의 말을 했습니다. 그 말을 들은 부셰는 인부들에게 앞으로 그런 돌을 보면 자신이 모조리 사겠다고 했죠.

곧 부셰는 돌 부자가 되었습니다. 인근 채석장에서 나온 기묘한 돌은 모두 부셰에게 전달되었고, 어떤 인부는 그럴듯하게 돌을 깨서 팔기도 했습니다. 하지만 모조품보다는 진품이 많았습니다. 부셰는 아브빌 근처에 선사 시대의 켈트족이 살았을 것이라고 확신했습니다.

1847년, 부셰는 자신의 이론을 담은 논문 「고대 켈트 문명과 고대인(Les Antiquites Celtiques et Antediluviennes)」을 발표하지만, 다윈을 비롯해서 많은 학자들은 이 논문이 엉터리라고 생각했습니다.

그런데 프랑스에서 활동하던 마르셀제롬 리골로(Marcel-Jerome Rigollot)라는 의사는 이 책에 큰 감명을 받고, 자신도 석기를 발굴하기로 결심하죠. 그리고 프랑스 생타슐(St. Acheul) 지역의 채석장에서 수없이 많은 석기를 발굴하고, 발굴 과정과 석기의 모양, 지층을 통해 추정되는 연대를 발표합니다. 처음 발표한 사람은 아브빌의 부셰였지만, 막상 석기에는 '아슐리안'이라는 이름이 붙은 이유입니다.

그런데 왜 이 석기가 인류학자들을 괴롭혔을까요? 실제로 손으로 쥐고 사용하는 도끼가 아닐 가능성이 높기 때문입니다. 대칭을 이루는 물방울 모양의 아슐리안 석기는 아주 아름답지만, 실용성이 낮습니다. 날카로운 가장자리나 뾰족한 끝을 가진 주먹도끼를 쥐면 손바닥이 베이기 십상입니다.

그렇다면 예술 작품일까요? 그럴 가능성도 낮습니다. 예술적 목적의 다른 인공물은 100만 년이 지난 후에야 나타나기 때문입니다. 가장 오래된 아슐리안 주먹도끼는 약 160만 년 전 아프리카에서 만들어졌으며, 가장 최근의 것은 약 13만 년 전의 것으로 추정됩니다. 오랜 기간 동안 세계 곳곳에서 만들어졌고 제작도 쉽지 않은 아슐리안 석기는 도대체 무슨 목적으로 만들어진 것일까요?

사실 어떤 면에서는 올도완 석기가 더 낫습니다. 제작에 드는 노력을 고려하면 말이죠. 오스트랄로피테신과 호모 하빌리스는 올도완 석기를 만들어 잘 사용했습니다. 그런데 호모 에렉투스는 아주 예쁘지만 쓸모없어 보이는 아슐리안 석기를 오랫동안 만들었습니다.

물론 올도완 석기도 아무렇게나 만들 수 있는 것은 아닙니다. 하지만 대충 두들기다 보면 몇 개 중 하나는 건질 수 있습니다. 그런데 아슐리안 석기는 정말 만들기 어렵습니다. 일단 최적의 원석을 찾고 망치돌을 이용해서 전체 모양을 만든 후에 작은 돌로 경계를 다듬고 뿔이나 뼈를 이용해서 날을 세워야 하죠. 그래서 아슐리안 석기가 많이 발견되는 곳에는 제작에 실패해서 버려진 돌도 많이 발견됩니다.

그래서 어떤 인류학자는 아슐리안 석기가 버려진 돌에 불과하다고 주장합니다.[2] 끝에서부터 작은 석편을 떼내어 사용하다 보니, 자연스럽게 남은 돌 조각이 아슐리안 석기라는 것이죠. 하지만 아슐리안 석기는 사용한 흔적이 많습니다. 혹시 우리에게는 영불편하지만, 인류의 인지 기능으로는 이런 모양의 석기가 최선이었던 것일까요? 아니면 우리가 알지 못하는 다른 용도가 있었던 것일까요?

어떤 인류학자는 아슐리안 주먹도끼가 던지는 도구였을 수 있다고 주장했습니다.[3] 던진 후 다시 튀어오르지 않도록 하기 위해 특별히 설계되었다는 것이죠. 그러나 이러한 주장은 물리학적 관점에서 설득력이 부족합니다. 튀어오르는 돌은 직접 손에 쥐고 타격을 주는 돌보다 더 큰 운동량을 전달할 수 있기 때문입니다. 굳이 튀어오르지 않게 만들 이유가 없죠.

게다가 어떤 주먹도끼는 아주 크고, 어떤 주먹도끼는 아주 작습니다. 1919년에 영국 펄즈 플래트에서 발견된 약 30만~40만 년 전의 주먹도끼는 무게가 2.8킬로그램이고 길이가 30.6센티미터에 달합니다. 도무지 한 손으로는 다룰 수 없는 크기와 무게입니다. 반대로 어떤 주먹도끼는 길이가 겨우 2인치에 불과할 정도로 매우 작습니다.

1999년, 영국의 인지고고학자 스티븐 미슨(Steven Mithen)과 마렉 콘(Marek Kohn)은 이른바 '섹시한 주먹도끼 가설'이라는 독특한 주장을 제시했습니다.[4] 남성이 여성의 호감을 얻기 위해 정교하게 만들어진 주먹도끼를 과시했다는 주장입니다. 주먹도끼가 지능, 기술력, 건강, 예술적 감각을 나타내는 수단이라는 것이죠. 필요 이상으로 예쁘고 대칭적인 모양을 갖추게 된 원인은 바로 구애용으로 사용했기 때문이라는 것이죠. 기발한 주장이지만, 확실한 증거는 없습니다.

불 맛 나는 요리

불이 언제 어떻게 발명되었는지는 아직 미스터리입니다. 그러나 불을 사용하지 않았다면 두발걷기도 빛을 잃습니다. 만약 불을 사용하고 조절할 수 있는 능력이 없었다면 플라이스토세에 인간의 이동은 불가능했을 것입니다. 불 사용의 초기 증거는 확실하지 않지만, 약 150만 년 전 호모 에렉투스는 불을 다룰 수 있었을 것으로 추정됩니다. 케냐의 쿠비 포라(Koobi Fora) 지역에서 발견된 산화 퇴적물이 대표적 증거죠.

요리된 음식의 증거는 그보다 늦게 나타났습니다. 남아프리카의 원더워크 동굴(Wonderwerk Cave)에서 발견된 약 100만 년 전의 탄화된 식물 잔해에서 이를 확인할 수 있죠.[5] 화덕과 타고 남은 동물의 뼈가 있어야 확실한 불 사용의 증거라고 주장하기도 합니다. 자연적인 화재가 나면 동물은 몸을 피하지만 식물은 도망갈 수 없으니, 불에 탄 식물은 인간이 자유자재로 불을 사용한 증거가 아닐 수도 있거든요. 산불이 나서 불에 탄 식물을 가져다 먹었을 수도 있습니다. 이런 엄격한 기준을 적용하면 불을 사용하기 시작한 시기는 약 40만 년 전입니다. 이스라엘의 케셈 동굴(Qesem Cave)과 같은 지역에서 발견된 화덕과 타고 남은 뼈 등이 대표적이죠.

그러나 여러 증거는 호모 에렉투스가 음식을 잘 가공해 먹었다는 사실을 뒷받침합니다. 호모 에렉투스는 파란트로푸스에 비해 키는 크고 몸은 호리호리하고 내장은 짧습니다. 짧은 내장은 소화

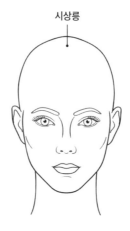

시상릉

턱 근육이 붙은 시상릉은 부드러운 음식을 먹으면서 작아졌다. 호모 사피엔스의 경우에는 시상릉이 사실상 흔적만 남아 있으며 근육이 아예 없다.

하기 쉬운 음식을 먹었다는 뜻입니다. 요리했거나 더 좋은 식량을 획득해서 양질의 음식, 즉 고기를 먹었을 것으로 추정됩니다.

인간은 턱도 작아졌습니다. 불로 요리하면서 턱이나 치아 크기도 작아졌죠. 요리를 하면서 고기를 찢어 씹는 강건한 턱이 필요 없어진 것입니다.[6]

초기 호미닌의 턱과 치아는 지금에 비해 상당히 웅장했습니다. 정수리에는 커다란 시상릉(sagittal keel)이 있는데, 턱 근육이 붙는 곳입니다. 특히 파란트로푸스는 이 시상릉이 아주 거대해서 턱 힘이 강해 '호두까기인'이라는 별명이 있을 정도죠. 어금니가 아주 강력해서 앞니 크기의 10배에 달했습니다. 지금은 어금니의 크기가 앞니의 2~3배에 불과한데, 음식을 꼭꼭 씹고 갈아야 할 필요가 줄었기 때문입니다. 그리고 턱이 작아지는 경향은 점점 심해지고 있습니다. 청소년기에 턱은 쓰면 쓸수록 커지는데, 부드러운 음식만 먹다 보니 턱이 점점 작아지고 있습니다. 그래서 작아진 치아에도 불구하고 덧니가 많이 생깁니다. 턱이 너무 작아져서 치아가 자리할 공간이 부족해진 것이죠.

초기 인류가 사용할 수 있는 도구가 거의 없었던 시절에, 어떻게 인간은 불을 사용하기 시작했을까요? 성냥 없이 야생에서 불을 피우는 것은 매우 어려운 일입니다. 부싯돌을 사용해도 불을 만들기는 쉽지 않죠. 이처럼 어려운 과업을 인류가 매우 이른 시기에 해낸 것은 분명 그럴 만한 중대한 이유가 있었을 겁니다.

불은 활동 시간을 늘려주었습니다. 물론 무서운 동물로부터 자신을 보호하거나 해충을 쫓는 데도 큰 도움이 되었습니다. 영양소를 더 효과적으로 흡수할 수 있었고, 전에는 먹지 못하던 음식도 조리해서 섭취할 수 있었죠. 추위를 막아주어 더 멀리 이동할 수도 있었습니다. 추위는 대사율을 약 4분의 1 이상 올립니다. 추운 곳에서 하룻밤을 보내면 100칼로리가 소모되는데, 모닥불 곁에서 자면 열량 소모를 줄일 수 있는 것이죠.

게다가 불을 사용하면 음식을 잘 말려서 오래 보관할 수 있습니다. 음식의 수분이 빠지면 훨씬 가벼워지고 운반하기도 쉬워집니다. 얇게 편 고기를 불의 부산물인 연기로 가볍게 살균한 다음 햇빛에 말리면 장기간 보관할 수 있고요. 고열량에 부피도 작고 먹기도 편한 휴대용 식량 덕분에 인간은 아주 먼 거리를 돌아다닐 수 있었습니다. 인간은 집을 만들기 이전부터 불을 사용한 것으로 보입니다. 지금도 일부 수렵채집인은 집 밖에서 불을 피우고 그 곁에서 잠을 잡니다. 장거리 이주를 가능하게 해준 힘입니다.

가장 강력한 힘은 요리에서 비롯된 것으로 보입니다. 한 연구에 따르면 익혀 먹기, 즉 화식과 관련된 인간의 유전자가 변화하기 시작한 것은 네안데르탈인이나 데니소바인이 호모 사피엔스와 분리되기 전입니다. 화식은 대략 40만~50만 년 전부터 시작되었을 것으로 추정되고 있습니다.

불로 음식을 익히면 세균의 침입이 현저하게 줄어들어 면역계의 변화가 나타납니다. 그렇다면 관련한 면역 유전자가 언제 진화했는지 추정해서, 언제 불로 요리한 음식을 먹었는지 가늠해 볼수 있죠. 화식으로 인해 적어도 6~7개의 유전자가 새롭게 선택되어 진화했다고 추정되고 있습니다. 대표적으로 병원체 인식을 통해 면역 반응을 시작하는 TLR 유전자, 항원을 제시하여 면역 반응을 조절하는 HLA 유전자, 그리고 X 염색체에 위치한 여러 면역 유전자들이 선택 압력을 받아 진화했을 가능성이 있습니다.

지금까지의 연구에 따르면 인간이 곡물을 섭취하기 시작한 것은 약 3만 년 전으로 추정됩니다. 물론 본격적으로 곡식을 재배하기 시작한 것은 신석기시대 이후의 일이지만 그 이전부터 인간은 야생 곡물을 먹었을 것입니다. 곡물의 주요 영양소는 대부분 녹말 형태로 저장되어 있어서 소화하기 어렵습니다. 그래서 날곡식을 먹으면 배탈이 나는 것입니다. 하지만 요리는 이 문제를 해결해 줍니다. 곡물에 열을 가하면 녹말이 탄수화물이 되어 소화가 잘됩니다. 생감자를 먹으면 배탈이 나지만 구운 감자는 아주 맛있죠.

만약 수십만 년 전에 인류가 불을 발명하지 않았다면 수천 년 전의 농업 혁명도 일어나지 않았을 것입니다.

불은 도구 제작도 용이하게 해주었습니다. 돌을 불에 달구면 더 효과적으로 나무 끝을 벼려서 좋은 창을 만들 수 있죠. 자작나무 수액을 끓여서 접착제를 만들면 돌과 돌, 돌과 나무를 단단하게 고정할 수 있습니다. 후기 구석기시대에는 드디어 불에 구운 진흙으로 그릇을 만들기 시작했습니다. 이후 청동기와 철기 문명도 모두 불을 자유롭게 쓴 덕분에 이룰 수 있었습니다.

높은 수준의 도구 사용 능력은 드디어 두발걷기에 걸맞은 도구, 즉 신발의 발명에 이르게 됩니다. 인류는 50만 년 전부터는 신발을 신은 것으로 추정됩니다. 물론 초기의 신발은 원시적인 발싸개에 불과했을 겁니다. 거친 땅을 걷거나 추운 날씨라면 사용했겠지만 사용하지 않는 일도 많았겠죠. 신발보다는 양말에 가까웠을지도 모릅니다. 딱딱한 바닥이 있고 부드러운 덮개가 있는 발 모양의 신발을 만드는 것은 쉬운 일이 아니니까요.

정교한 신발은 후기 구석기에 접어들면서 나타났을 것으로 보입니다. 중기 구석기에서 후기 구석기로 넘어가는 시점에 발가락뼈가 많이 진화했기 때문입니다. 신발을 신으면 압력이 적게 가해지고 넓적한 발이 가느다란 발로 변화합니다. 약 4만~5만 년 전, 다양한 종류의 도구가 갑자기 많이 나타나는 시기에 예쁘고 튼튼하며 편한 신발도 그 도구 중 하나였을 것입니다.

느끼고 잡고 교감하다

다윈은 인간이 두발걷기를 한 이유가 바로 기술적 조작, 즉 도구나 무기를 만들기 위해서라고 했죠. 물론 두발걷기의 이유가 손의 사용은 아닐 겁니다. 두발걷기의 진화 시기와 도구를 사용하기 시작한 시기 사이에는 수백만 년의 간격이 있습니다. 이것만 봐도 오로지 도구를 사용하기 위해서 인간이 손을 쓰기 시작한 것은 아닌 듯합니다.

하지만 우리가 알고 있는 가장 오래된 도구는 주로 석기입니다. 돌이 아니면 오랫동안 보존될 수 없기 때문이죠. 그러나 원시 인류가 오로지 돌만 도구의 재료로 생각했다면 이상한 일입니다. 나무조각이나 뼈를 무시했을 리 없죠. 물체를 잘 잡고 사용할 수 있다면 주변의 여러 사물이 모두 훌륭한 도구가 될 수 있습니다.

440만 년 전, 아르디피테쿠스의 손은 이미 무엇인가를 쥐는 데 유리한 형태를 보입니다. 초기 호미닌은 이미 물건을 쥐고 사용하는 방법을 잘 알고 있었을지도 모릅니다.[7] 사실 손 화석은 발 화석과 마찬가지로 매우 드물게 발견됩니다. 뼈가 작고, 손발은 포식자가 좋아하는 신체 부분이기 때문이죠. 하지만 운 좋게도 손가락 뼈가 왕창 발견된 경우도 있습니다. 오스트랄로피테쿠스 세디바가 주인공입니다. 엄지손가락은 훨씬 길지만 다른 손가락은 지금처럼 짧아졌죠. 복잡한 석기를 만들고 완벽하게 물건을 집어서 사용할 수 있었다는 뜻입니다.

앞에서 약 260만 년 전부터 도구를 사용하기 시작했다고 이야기했는데, 최근 연구에 의하면 330만 년 전으로 거슬러 올라간다고 합니다. 물론 이 도구가 정말 실용적인 도구였는지, 아니면 어쩌다 만들어진 실패작인지는 불확실합니다. 하지만 오스트랄로피테신은 현생 유인원보다 훨씬 자유롭게 손을 사용한 것으로 보입니다. 침팬지는 도구를 사용하고 흰개미를 잡기도 하고 견과류를 깨 먹기도 하지만 도구를 만들지는 못합니다. 초기 인류의 석기 사용 능력은 손을 자유롭게 사용한 덕분입니다. 오스트랄로피테쿠스 세디바는 약 200만 년 전에 살았지만 아마 580만 년 전부터 420만 년 전에 살았던 아르디피테쿠스보다는 손으로 장난을 많이 쳤을 것입니다.

인간의 손은 어떻게 진화한 것일까요? 엄지손가락은 다른 네 손가락과 쉽게 맞댈 수 있습니다. 물건을 꽉 잡을 수도 있고 세심하게 집을 수도 있죠. 그리고 손목은 상하좌우로 자유롭게 돌아갑니다. 오직 인간만 할 수 있는 일입니다.

정수리 부근의 뇌는 감각과 운동을 담당합니다. 해당 부분이 담당하는 영역을 신체 부위에 대응해 보면 손에 해당하는 부분이 절반이 넘습니다. 손은 작지만, 손에 관한 뇌는 아주 큽니다. 그래서 손가락을 사용하면 아주 미세한 느낌도 감지할 수 있고 매우 세밀한 동작도 조정할 수 있습니다. 눈을 감은 상태에서도 작은 질감의 차이도 느낄 수 있고요.

인간은 손을 사용하여 느끼고 잡고 던지고 교감합니다. 손으로 음식을 만들고 아기를 안고 집을 짓고 옷을 만들고 가끔은 싸움도 벌였죠. 손의 뼈, 힘줄, 근육, 신경 사이의 균형은 점점 더 예민해지는 손의 촉각과 운동 조정에 대한 뇌의 더욱 정교한 감독과 마찬가지로 끊임없이 발달했습니다. 건축, 사냥, 식사, 의사소통 등 다방면에 걸쳐 인류의 삶에 큰 영향을 미쳤던 것입니다.

인간이 가장 처음 사용한 언어는 수화였을 것입니다. 지금도 우리는 손으로 여러 신호를 전달합니다. 어린아이는 단어를 말하기 전부터 손을 사용하여 의사소통을 시도합니다. 어른이 되어서도 손은 어느 정도 입의 역할을 대신합니다. 지시하고 거절하고 협력하고 공감하죠. 그러나 침팬지는 아닙니다. 침팬지는 인간과 비슷하게 생긴 손을 사용하여 의사소통을 하지 못합니다. 기껏해야 무엇을 달라고 하거나 가까이 오라고 하는 정도에 불과하죠.

유인원의 손짓은 명령 신호에 한정되지만 인간의 손짓은 다릅니다. 정서를 나누고 협력적 의사를 전달합니다. 감정을 전달하는 것이죠. 손을 사용한 다양한 기호는 인간의 뇌에 단단히 자리하게 되었고, 음성 언어는 손을 입과 혀로 바꾼 것에 불과한 것인지도 모릅니다.

그러면 다음 장에서 언어에 대해 본격적으로 알아봅시다.

● **토론해 봅시다**

Q1. 호미닌의 손가락이 점점 짧아진 이유는 무엇일까?

Q2. 호미닌이 아슐리안 석기를 만든 이유는 무엇일까?

Q3. 불은 어떻게 처음 사용하게 되었을까?

Q4. 불의 발견이 인류에게 가져다준 가장 큰 이점은 무엇일까?

3장

말하는 인간의 탄생

인류의 진화에서 말의 탄생은 중대한 전환점입니다. 언어는 단순히 소통의 수단을 넘어서 생각, 감정, 인지의 방식을 형성합니다. 동시에 언어는 인간 종의 독특한 진화적 역사를 반영하며, 인류학, 신경과학, 언어학의 교차점에 위치하는 중요한 연구 주제죠.

이 장에서는 언어 능력이 인간의 뇌에서 어떻게 진화했는지 그리고 복잡한 사회적 구조를 형성하고 지식을 전달하는 데 어떤 역할을 했는지 살펴봅니다. 또한 말의 탄생이 인간의 사고 방식과 문화적 발전에 어떻게 기여했는지 탐구합니다. 언어의 진화를 통해 인간이 다른 종들과 어떻게 구별되는지 그리고 이러한 차이가 인지 능력과 사회적 상호작용에 어떤 영향을 미쳤는지 알아봅시다.

언어에 관한 오해

인간 언어의 기원에 대한 진화적 이론은 아주 다양합니다. 심지어 19세기에 논쟁이 너무 과열되자 1866년 파리언어학회와 1872년 런던문헌학회는 언어의 역사에 대해서는 어떤 논의도 금지한다는 결정을 내리기도 했죠. 터무니없는 가설이 난무했기 때문입니다.

과거에는 『성경』에 입각해서 하느님이 언어를 주셨다고 생각했습니다. 단일한 언어를 쓰던 인류가 점점 교만해지자 하느님이 이를 응징하려 수많은 언어를 만들었다는 것입니다. 인간은 언어의 장벽에 가로막혀 더 이상 협력할 수 없게 되었고, 신에게 도전하려던 바벨탑 건설이 중단되었다는 신화입니다.

언어 탄생에 관한 신화적인 설명은 다양한 문화에서 발견됩니다. 이집트 신화에서는 토트 신이, 바빌로니아 신화에서는 나부 신이 언어를 창조했다고 하고, 힌두교에서는 브라흐마가 천지를 창조했으며 그의 아내 사라스바티가 언어를 창조했다고 합니다.

그리스의 역사가 헤로도토스에 따르면, 이집트의 파라오 프삼티크 1세(Psamtik I)는 두 갓난아기를 외딴 산속 오두막에 놓고 벙어리 하인에게 돌보게 했습니다. 만약 외부의 언어 자극이 없다면 아기가 처음 하는 말이야말로 신이 선물한 태초의 말이라고 생각한 것이죠. 그리고 아기가 처음으로 꺼낸 말은 '빵'이었다고 합니다. 프리기아 방언이었죠. 그래서 프리기아어가 인류 최초의 말이라고 생각했습니다. 물론 믿거나 말거나 수준의 이야기입니다만.

사실 프삼티크 1세처럼 갓난아기를 외딴 곳에 가두고 소위 '최초의 말'을 찾으려고 한 시도는 더 있습니다. 독일의 프리드리히 2세도 그랬고, 스코틀랜드의 제임스 4세도 비슷한 시도를 했습니다. 최초의 언어, 언어의 원형을 알고 싶어 한 것입니다. 인간과 동물이 갈라지던 바로 그 순간, 인간이 언어를 터득하며 처음으로 말문이 트이던 그 탄생의 순간을 찾고 싶다는 순진한 믿음이죠.

인간 외에는 말하는 동물이 없으니 자연스러운 상상이기는 하지만, 사실과 다릅니다. 언어는 아주 복잡한 형질이고, 복잡한 형질은 오랜 세월 동안 이루어진 적응적 진화의 결과입니다. 언어의 탄생, 사고의 탄생, 인간의 탄생을 하나의 사건으로 엮으려는 시도는 성공할 수 없습니다.

근대 사회에 접어들면서 기발한 주장이 쏟아집니다. 언어가 자연의 소리를 모방하면서 나타났다고 하거나, 감정을 표현하기 위한 것이라고 하거나, 사물이 일으키는 느낌이라거나, 힘든 일을 하며 내는 신음 소리에서 시작되었다는 가설들이었죠. 각각 멍멍설(bow-wow theory), 쭛쭛설(pooh-pooh theory), 땡땡설(ding-dong theory), 끙끙설(grunt theory)이라고 합니다.[1] 표현이 재미있죠? 하지만 과학적인 설명은 아닙니다. 파리언어학회가 언어 기원에 관한 논문 출판을 중단하자, 언어 진화 연구를 향한 시도도 사그라집니다.

그러자 반대로 언어는 진화의 산물이 아니라는 주장이 크게 득세합니다. 이런 주장은 심지어 동물에게 말을 가르치려는 시도로 이어집니다. 1960~1970년대부터 고릴라나 침팬지에게 말을 가르치려는 다양한 시도가 있었습니다. 프랜신 패터슨(Francine Patterson) 등의 연구자들은 고릴라와 침팬지가 초보적인 말을 배우고 자발적으로 말을 한다고 주장했죠. 이러한 이야기를 다룬 다큐멘터리 영화가 큰 인기를 끌면서 다른 동물도 말을 할 수 있다는 잘못된 믿음이 크게 확산됩니다. 심지어 요즘에는 강아지 번역기 앱도 있습니다.

사실 개를 키우다 보면 개와 대화하는 듯한 착각에 빠질 때가 있습니다. 눈치 빠른 개는 주인의 말을 곧잘 알아채기도 하고 뭔가 말하려는 듯 멍멍 소리를 내기도 합니다. 왠지 동물의 마음속에는 인간 언어에 비견할 만한 내적 언어가 있는데, 단지 발화를 못 하는 것뿐인 듯하죠. 그러니 어떤 동물이나 적절한 교육을 받으면 '말'을 할 수 있을 것 같기도 합니다.

그러나 1960~1970년대에 동물심리학자인 패터슨과 수 새비지-럼버(Sue Savage-Rumbaugh)가 각각 고릴라 '코코(Koko)'와 보노보 '칸지(Kanzi)'에게 말을 가르쳤다는 주장에 관해서는 비판이 많습니다. 인간의 언어와 비교하면 너무 형편없는 수준인 데다 우연히 그럴듯하게 말하는 장면만 취사 선택했다는 의혹도 있습니다. 모든 정보를 공개하지 않으니 알 수 없는 일입니다만, 일단 진화적 사고를 하는 학자라면 수긍하기 어려운 일입니다. 예를 들어 새의 날개는 매우 복잡하고 오랜 세월에 걸쳐 진화한 형질입니다. 그런데 옆집 아이가 팔을 퍼덕이면서 땅을 박차고 잠깐 점프했다고 해서 '비행'이라고 할 수 있을까요?

코코와 칸지의 영상을 보면 안타까운 생각이 듭니다. 새가 지배하는 세상에 인간 아이를 데려다 놓고 팔을 퍼덕이지 않으면 밥을 주지 않겠다고 위협하는 것과 다를 바가 없습니다. 매일 팔을 퍼덕이며 높은 곳에서 뛰어내리게 하고, 그걸 영상으로 찍어서 "인간도 비행 본능이 있지만, 해부학적 기관이 미흡해서 답답할 것이다. 비행 시도를 하는 것 같지만 역시 우리에 비하면 열등하군. 얼마나 날고 싶어 할까?"라고 하는 식이죠.

인류의 심성에 태고의 언어, 언어의 원형이 있다는 주장과 언어는 적당한 환경만 만들어주면 누구나 배울 수 있다는 주장. 이렇게 상반된 두 주장은 오래도록 경쟁해 왔습니다. 그러나 비과학적인 접근이라는 점에서 보면, 코코와 칸지를 연구한 학자나 갓난아기를 외딴 곳에 가두고 키운 프삼티크 왕이나 오십보백보입니다. 과연 무엇이 정답일까요?

언어의 다양성과 보편성을 둘러싼 논란

흔히 한국어와 일본어에 존댓말이 있고, 다른 외국어에는 높임 표현이 적다는 점을 들어 한국인과 일본인이 특히 상하관계에 엄격하다고 생각합니다. 이러한 언어적 습관의 차이는 각 문화의 특수성이나 상대성을 강조하기 위해 많은 문헌에서 인용되곤 하죠. 그런데 한국인과 일본인이 상하관계를 중요하게 여겨서 존댓말이 생긴 것이 아니라, 존댓말을 사용해서 상하관계를 중요하게 여기는 것일 수도 있지 않을까요?

① 언어의 상대성을 강조한 사피어-워프 가설

이러한 관점을 처음 제시한 사람은 미국의 인류학자이자 언어학자인 에드워드 사피어(Edward Sapir)와 그의 제자 벤저민 워프(Benjamin Lee Whorf)였습니다. '사피어-워프 가설'은 한 언어를 사용하는 사람의 사고가 다른 언어를 사용하는 사람에게는 완전히 이해되기 어렵다고 주장합니다. 즉, 사람들의 사고방식은 그들이 사용하는 언어에 의해 크게 영향을 받는다는 것이죠.

이 가설은 1929년에 사피어가 처음 제기했고, 보험회사의 화재 검사관이자 아마추어 언어학자였던 워프가 그의 강의를 듣고 발전시켰습니다. 이 주장은 1950년대에 들어서 유명해졌는데, 워프는 뛰어난 대중 강연자였고 그의 글은 일반인에게도 쉽게 읽혔기 때문에 많은 사람들이 이를 받아들였던 것입니다.

사피어-워프 가설은 언어와 사고방식의 관계에 대해 세 가지 주장을 펼칩니다. 첫째, '언어학적 상대성(linguistic relativity)'입니다. 언어의 구조가 사람들이 세상을 인식하는 방식에 영향을 준다는 것이죠. 예를 들어 어떤 언어에 색깔을 나타내는 단어가 많으면, 그 언어를 사용하는 사람들은 색깔을 더 다양하게 인식할 수 있다는 것입니다. 둘째, '언어 결정론(linguistic determinism)'입니다. 언어가 사람들의 생각과 세계관을 결정한다는 주장으로, 한국인은 존댓말을 쓰기 때문에 상하관계를 중시한다는 식이죠. 셋째, '임의성(arbitrariness)'입니다. 언어 간에 의미 체계가 다양하고 무한할 수 있다는 것입니다. 세상에는 아주 많은 언어가 있고, 언어의 개수만큼이나 언어로 표현되는 세계도 다양하다는 주장입니다. 만

약 모든 언어가 동일한 방식으로 의미를 구성한다면, 언어학적 상대성 가설이 그리 설득력 있게 들리지 않을 것입니다.

워프는 빈 드럼통에 담배꽁초를 던져 폭발을 일으킨 노동자의 사례를 언급합니다. 실제로 빈 것이 아니라 위험한 가연성 가스가 가득 찬 것임에도 불구하고 '빈(empty)'이라는 말이 사고에 영향을 주어 이런 일이 일어났다는 것이죠.[2]

워프는 언어가 우리의 사고방식과 세상을 바라보는 관점에 큰 영향을 미친다고 주장했습니다. 유럽에서 흔히 쓰이는 언어와 아메리카 원주민인 호피족의 언어를 비교해 보면, 호피족의 언어가 유럽 언어와는 다르게 상상의 복수형을 사용하지 않으며, 물이나 공기처럼 셀 수 없는 것을 나타내는 불가산명사의 개념이 없습니다. 과거, 현재, 미래와 같은 시간 개념도 다르게 표현한다고 지적했습니다. 그러므로 호피족은 그런 개념을 아예 이해하지도 못한다는 것이죠.

하지만 이런 극단적 주장은 대개 인정받지 못합니다. 일단 워프는 호피족을 직접 연구한 적도 없었습니다. 호피족에 대한 분석은 주로 그들의 언어 구조에 기반을 두었습니다. 사실 영어에서도 물(water)이라는 불가산명사보다는 물웅덩이(puddle), 연못(pond), 호수(lake) 등의 단어를 더 많이 사용합니다.

미국의 인류학자이자 언어학자인 에커트 말로트키(Ekkehart Malotki)는 워프의 분석을 더 깊이 파고들었습니다. 말로트키에 따르면, 호피족은 시간에 대한 구체적 표현을 가지고 있었으며, 시제와 시간에 대한 비유, 시간 단위에 대한 다양한 단어를 사용했다고 합니다. 또한 태양력, 끈 달력, 막대 달력, 해시계 등 다양한 시간 측정 장치를 사용했죠.[3,4]

워프의 가장 유명한 주장은 이누이트족이 눈에 대한 어휘를 400개나 가지고 있다는 것입니다. 인류학자 로라 마틴(Laura Martin)은 이 주장이 어떻게 과장되었는지 설명했는데, 미국의 인류학자 프란츠 보아스(Franz Boas)가 이누이트족이 눈에 대한 네 개의 어근을 가진다고 했던 것을 워프가 일곱 개로 늘렸고, 이후에 여러 책에 인용되면서 숫자가 계속 늘었다고 합니다. 실제로 전문가들은 이누이트족의 눈에 대한 어휘가 2~10개 정도라고 생각합니다. 워프가 언어 상대주의를 강조하다가 실제 데이터를 과장해서 제시한 것이죠.[5]

다른 예를 들어볼까요? 아메리카 원주민 중 나바호족의 언어는 녹색과 청색을 구분하지 않지만, 그렇다고 해서 그들이 두 색을 똑같다고 인식하는 건 아닙니다. 델라웨어대학의 지구해양환경학부 교수이자 인류학자인 윌렛 켐프턴(Willet Kempton) 등의 실험에 따르면, 나바호족도 색의 파장 차이만큼 정확하게 두 색을 구분할 수 있었습니다. 이는 언어가 색을 인지하는 방식에 영향을 미칠 수는 있지만, 반드시 색 인식을 결정하는 유일한 요소는 아니라는 것을 보여줍니다.[6]

한편 비슷한 시기에 일부 행동주의 심리학자는 행동주의적 관점으로 언어의 습득 과정에 접근했습니다. 이들은 언어도 다른 행동과 마찬가지로 조작적인 조건화에 의해 학습된다고 주장했습니다. 즉, 언어적 행동은 자극과 반응의 체계 안에서 이루어진다고 봤죠. 심지어 언어를 '구어적 행동(verbal behavior)'이라고 불렀습니다. 코코와 칸지에게 인간의 언어를 강요한 무리한 시도는 이러한 이론에서 시작했습니다. 그러나 이는 인간과 다른 동물 간의 언어적 행동의 근본적인 차이를 부정하는 것으로, 많은 비판을 받았습니다.

② 언어의 보편성을 강조한 촘스키의 보편문법이론

1959년, 미국의 언어학자 노엄 촘스키(Noam Chomsky)는 심리학자 벌허스 프레더릭 스키너(Burrhus Frederic Skinner)의 저작을 논평하며, 행동주의가 언어 연구 분야에서 실패했다고 강력하게 비판했습니다.

촘스키는 언어 습득이 자극과 반응의 단순한 체계를 넘어서는 복잡한 과정이며, 행동주의로는 설명할 수 없다고 주장했습니다. 그는 언어의 창조성과 유전적으로 깊이 자리 잡은 언어의 심적 구조를 강조하며, 행동주의적 접근이 언어학에서는 부적합하다고 지적했습니다. 동물학자들도 조작적 조건화를 통해 학습된 동물의 행동이 종종 본능적인 행동으로 되돌아가는 것을 관찰하며, 행동주의적 접근의 한계를 지적했습니다.[7]

촘스키는 모든 언어에 공통적인 기본 구조가 있다고 주장했으며, 이것이 태어날 때부터 뇌에 이미 내장되어 있어 다양한 언어를 배울 수 있게 해준다고 보았습니다. 이를 '보편문법(universal grammar)'이라고 합니다. 그는 아이들이 매우 어릴 때부터 복잡한 문법 구조를 빠르게 배우는 것을 보고, 이것이 타고난 능력이라고 생각했습니다. 특정 언어를 배우기 위해 특별한 교육이나 지시를 받지 않아도 스스로 배울 수 있다는 것이죠.

또한 세계의 모든 언어가 공유하는 일정한 기본 규칙이나 구조가 있다고 봤습니다.[8] 예를 들어 문장이 주어, 동사, 목적어 등의 순서를 가지는 것처럼 말이죠. 그러면서도 언어가 무한한 창조성을 가진다고 생각했습니다. 한정된 단어와 문법 규칙을 사용해 무한한 수의 문장을 창조할 수 있다는 것이죠. 이를 촘스키는 '생성문법(generative grammar)'이라고 하였습니다.

언어상대주의와 보편문법이론은 언어의 본질과 그것이 인간 사고에 미치는 영향에 대해 상충하는 관점을 제시합니다. 두 이론의 대립은 본성과 문화, 다양성과 보편성이라는 아주 근본적인 질문을 담고 있습니다. 언어상대주의는 언어가 문화적 맥락과 밀접하게 연결되어 있으며 언어 사용자의 사고방식을 형성한다고 보는 반면, 보편문법이론은 언어 습득이 보편적인 인간 능력이며 모든 인간이 공유하는 언어의 보편적 구조에 기반한다고 주장하죠.

약한 의미의 사피어-워프 가설은 언어와 사고의 관계에 좀더 온건하게 접근합니다. 언어가 사용자의 사고방식에 어느 정도 영향을 미칠 수 있다고 보지만, 언어의 영향을 절대적이거나 결정적이라고 보지는 않습니다. 예를 들어 특정 언어에서는 특정한 색상이나 방향을 묘사하는 단어가 더 많거나 구체적일 수 있고, 이러한 언어적 특징이 그 언어를 사용하는 사람들이 세계를 인식하는 방식에 영향을 줄 수 있으나 이러한 언어적 차이가 사람들의 사고 능력 자체를 근본적으로 바꾼다고 보기는 어렵다는 것이죠.

보편문법이론도 과거에 비해 더 유연하게 적용되고 있습니다. 모든 인간 언어에는 공통적인 매우 구체적이고 엄격한 규칙과 원리가 존재한다는 촘스키의 초기 주장과 달리, 보편적 규칙과 원리가 더 일반적이고 유연할 수 있다고 보는 관점으로 바뀌고 있는 것입니다. 모든 인간 언어에 공통적인 특정 구조나 원리가 존재한다는 기본 개념은 유지하면서도, 이러한 구조가 각각의 언어에 따라 다양한 형태로 나타날 수 있다고 인정하는 것이죠. 즉, 언어적 다양성과 개별 언어의 고유한 특성을 인정하며 이를 보편적인 언어 습득 능력의 틀 안에서 이해하려고 합니다.

그런데 사실 진화적 관점에서 보면 이런 논란은 괜한 헛수고입니다. 언어는 분명 생존과 번식에 도움을 주는 형질입니다. 그리고 적합도를 높일 수만 있다면 보편문법이 진화할 수도 있고 환경에 따라 다양한 언어가 나타날 수도 있습니다. 언어가 사고를 결정하든, 사고가 언어를 결정하든 상관없습니다. 그러한 결과가 인류의 생존과 번식을 돕기만 한다면 말이죠. 그리고 실제로 그런 일이 일어났습니다.

인간 언어의 등장

진화적 관점에서 보면 언어는 자연선택 혹은 성선택의 결과입니다. 언어의 기원과 발달에 관한 연구를 보면, 언어는 단순한 사

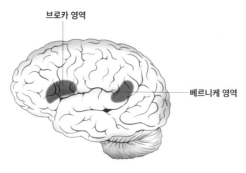

브로카 영역

베르니케 영역

베르니케 영역은 측두엽의 후측 부분에, 브로카 영역은 전두엽의 하부에 위치한다.

회적 도구를 넘어서는 복잡한 생물학적, 신경학적 요소를 포함합니다. 언어 습득에 관한 장애가 유전될 수 있다는 사실은 언어 능력이 유전적 기초에 기반한다는 사실을 보여주죠.

이는 뇌의 특정 영역, 특히 언어 이해를 담당하는 좌반구 측두엽의 베르니케 영역(Wernicke's area)*과 발화를 담당하는 좌반구 전두엽의 브로카 영역(Broca's area)**이 확실하게 구분된다는 점에서 분명해집니다.

특히 언어는 아주 복잡합니다. 복잡한 형질은 자연선택의 결과일 가능성이 높습니다. 파충류의 눈이나 새의 날개 같은 형질이

● '1874년에 독일의 정신과의사 칼 베르니케(Carl Wernicke)가 발견한 영역으로, 청각피질과 시각피질을 통해 전달된 언어정보를 해석하는 기능을 한다. 즉, 우리가 말과 글을 이해하는 데 핵심적인 영역이다.

●● 1861년에 프랑스의 외과의사 폴 브로카(Paul Broca)가 발견한 영역으로, 언어 발화를 계획하고 실제 음성으로 산출하기 위해 발성기관을 조정하는 기능을 한다. 즉, 우리가 언어를 생각해서 말하는 데 핵심적인 영역이다.

우연히 나타나거나 학습을 통해 나타날 리 없으니까요. 게다가 아이들은 언어를 매우 빠르게 습득합니다. 언어에 관한 생물학적 능력이 내재되어 있기 때문입니다. 스스로 문법적 규칙을 추론하고 성공적으로 적용하죠. 게다가 인간의 성도는 발화에 적합하게 구조화되어 있습니다. 인간의 귀도 마찬가지입니다. 들어오는 소리를 효과적으로 처리하여 발화 신호로 분리하는 데 특화되어 있죠.

또한 언어의 복잡성은 문화의 복잡성과 큰 관련이 없습니다. 복잡한 문화권에서도 단순한 언어를 사용하기도 하며, 단순한 문화권에서도 복잡한 언어를 사용하기도 합니다.

예를 들어 호주 원주민 아보리진의 언어인 '왈피리(Warlpiri)'는 문법적으로 매우 복잡한 구조의 언어로, 다양한 시제, 상, 존칭을 포함한 복잡한 동사 체계를 가지고 있습니다. 그러나 아보리진의 문화는 단순합니다. 기술적 수준도, 사회적 구조도 그렇죠. 아프리카 원주민 코이산족의 언어도 그렇습니다. '흡착음(click)'이라는 아주 독특한 음성을 포함하는데, 문법 구조가 복잡하고 발음도 매우 어렵죠. 그러나 이들은 단순한 수준의 수렵채집 생활을 하고 있습니다.

시간이 지나면서 조금씩 언어가 진화하기 위한 여러 조건이 만들어졌을 테고, 그 과정에서 갑자기 돌연변이에 의한 진화도 일어났을 것입니다. 언어는 아주 복잡한 형질이므로 갑작스러운 우연과 점진적인 적응이 여러 번 겹치면서 점점 더 세련된 형태로 발전했을 것입니다.

코코와 칸지 연구는 너무 인위적이었지만, 자연 상태의 영장류

연구는 언어가 언제 나타났을지에 관해 중요한 시사점을 던져줍니다. 예를 들어 붉은털원숭이는 표범, 뱀, 독수리 등 포식자가 접근하면 그룹에 경고하기 위해 여러 가지 발성을 사용합니다. 이런 발성은 다른 원숭이에게 구체적인 방어 전략을 촉발시키는 효과가 있습니다. 침팬지나 고릴라도 다양한 소리와 제스처를 사용합니다. 인간 언어의 수준에 이르지는 못하지만, 인간이 아직 인간이 되기 전에도 원시적인 신호를 전달하며 교류했을 것입니다.

언어 능력의 시작은 아르디피테쿠스 라미두스가 살던 때로 거슬러 올라가야 할 듯합니다. 이때 언어와 관련된 두개골 구조 및 성대 구조가 약간 나타났기 때문입니다. 물론 이런 주장은 너무 앞서간 것인지도 모릅니다. 하지만 최소한 침팬지보다는 훨씬 유리한 구조였습니다.

두발걷기를 시작한 오스트랄로피테신부터 언어를 사용했다는 주장도 있습니다. 두발걷기가 두개골의 구조적 발달을 촉진했으며, 이로 인해 L자형 성대가 더욱 두드러졌다는 것이죠.[9] 두개골 뇌내 주형을 조사하면 호모 하빌리스도 브로카 영역이 분명히 관찰됩니다. 그렇다면 최소 200만 년 전에는 말을 했겠네요.

호모 에렉투스가 시작일 가능성도 있습니다. 아슐리안 도구를 사용했다는 것은 추상적 사고가 가능했다는 뜻이죠. 말을 하려면 상징적 기호를 쓸 수 있어야 합니다. 게다가 뇌도 두 배 가까이 커졌죠. 무슨 일이 일어났는지 모르겠지만, 언어 뇌가 때마침 나타난 것이라고 하면 퍼즐이 맞춰지는 것 같습니다. 두개골 아래 부분도 약간 휘어졌는데, 언어 사용을 위한 성대 구조에 대응합니다.

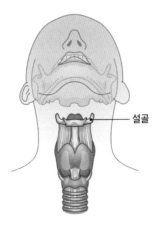

설골

설골은 혀의 근육과 후두를 연결해 주는 부위로, 언어 사용과 밀접한 관련성을 지니고 있다.

호모 하이델베르겐시스 혹은 네안데르탈인 무렵부터 언어가 나타났는지도 모릅니다. 네안데르탈인의 후두 위치는 인간에 비해 높기 때문에 현생 인류처럼 다양한 소리를 낼 수 없었다는 주장이 있지만, '설골'의 모양을 보면 큰 차이가 없으므로 말을 제법 잘했을 것이라는 의견도 있죠. 게다가 네안데르탈인은 도구를 잘 만들었고, 다른 집단과 물건도 거래한 것으로 보입니다. 언어가 없었다면 일어나기 어려운 일이죠.

그러나 20만~30만 년 전인 호모 사피엔스에 이르러서야 비로소 언어를 사용했을 것이라는 주장도 있습니다. 현대적 행동이 나타나면서 언어도 비슷한 시기에 나타났다는 것이죠. 상징적 의례에 사용하는 붉은 안료를 사용하면서 분명 말을 했을 것입니다. 또한, 현생 인류와 마찬가지로 호모 사피엔스가 등장하던 무렵 후두가 낮은 위치에 고정되었습니다.

약 5만~6만 년 전, 한 무리의 인간이 아프리카를 떠나 다른 세계로 이주할 무렵에는 확실한 수준의 언어를 썼을 것입니다. 최근 연구에 따르면 인간이 사용하는 언어의 음소는 아프리카가 가장 다양합니다. 호주나 남미가 가장 적었죠. 시뮬레이션을 통해 조사해보니 약 8만~16만 년 전 아프리카에서 언어가 시작한 것으로 조사되었습니다.

정말 다양한 주장이 있죠? 언어 진화에 관한 여러 가설은 여전히 논쟁 중에 있습니다. 파리언어학회에서 언어의 기원에 관한 논문을 받지 않기로 한 결정이 터무니없는 것은 아니었네요. 언어는 화석에 남지 않기에 기원을 연구하는 것이 참 어렵습니다. 또한 다른 언어를 쓰는 문화로 이주하면, 단 한 세대 만에 새로운 언어를 완벽하게 구사할 수 있죠. 동물은 인간 수준의 언어를 쓰지 않으므로 동물 연구도 어렵습니다.

언어는 타고나는 것이지만, 동시에 배우는 것이기도 합니다. 모든 언어는 서로 비슷하지만, 동시에 아주 다르고요. 언어의 진화에 관한 연구를 위해 앞으로 해야 할 일이 아주 많습니다.

● **토론해 봅시다**

Q1. 인간이 언어를 사용하게 된 이유는 무엇일까?

Q2. 언어를 사용함으로써 얻는 이점에는 무엇이 있을까?

Q3. 동물들이 언어를 사용하지 못하는 이유는 무엇일까?

Q4. 언어가 점차 복잡해진 이유는 무엇일까?

4장

큰 뇌가 불러온 인간의 변화

뇌의 진화는 인류학과 생물학의 교차점에서 가장 흥미로운 주제 중 하나입니다. 이는 인간이라는 종을 이해하는 데 매우 중요하며, 우리의 생물학적 기원과 사회적 행동의 복잡성을 밝히는 데 도움을 줍니다. 뇌의 진화를 살펴봄으로써 우리는 인간의 독특한 능력과 한계를 이해할 수 있을 뿐만 아니라, 수백만 년에 걸쳐 우리 조상이 생존 전략과 환경에 적응해 온 과정을 알 수 있습니다.

이 장에서는 인간 뇌의 진화 과정을 살펴보고, 이 과정이 인간의 인지·행동·사회적 상호작용에 어떤 영향을 미쳤는지 탐구합니다. 뇌의 크기와 기능이 어떻게 발달했는지, 그리고 이러한 변화가 우리의 조상에게 어떤 생존적 이점을 제공했는지 질문하고, 이러한 차이를 일으킨 기술적·사회적 원인에 대해 논의합니다.

인간과 동물의 본질적 차이

인류를 다른 종과 구분해 주는 특징은 많습니다. 지방이 많은 신생아, 느린 생애사, 체모 소실, 월경, 두발걷기, 언어, 대뇌화,* 뇌편측화,** 출생 후 뇌 성장 등 나열하자면 목록이 제법 길어집니다. 그런데 뒤의 네 개가 모두 지능과 관련됩니다. 바로 뇌가 주로 하는 일이죠.

18세기에 린네는 자연계의 여러 존재를 분류하면서 다양한 동식물에 학명을 붙였는데 인간에게는 호모 사피엔스라는 이름을 주었습니다. 자기 자신을 알 수 있다는 뜻입니다. 인간과 다른 동물의 본질적 차이는 바로 뇌에서 시작된다고 믿은 거죠.

그런데 정말 인간의 뇌가 다른 동물과 다른 것일까요? 혹시 동물에게는 관찰되지 않는 조직이 있는 것일까요? 1858년에 해부학자 리처드 오언(Richard Owen)은 인간에게만 있는 '소해마(hippocampus minor)'를 발견했다고 주장했습니다. 오언은 진화론을 반대하는 학자여서 인간만 가진 '창조적' 특징을 믿고 싶었는지도 모릅니다.

그러나 몇 년 지나지 않아, 토마스 헉슬리는 직접 해부를 하며 유인원에게도 같은 구조물이 있다는 사실을 밝힙니다. 인간만 가진 뇌구조물은 없었죠. 소해마에 관한 학문적 논쟁은 당시 영국 사회에서

● 뇌의 크기가 커지면서 동시에 뇌의 기능이 발달하는 현상.
●● 뇌의 두 반구가 각각 특정한 기능을 수행하도록 특화되는 현상.

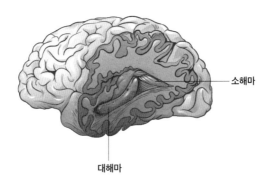

인간의 뇌 속 소해마와 대해마. 영국의 해부학자 헨리 반다이크 카터(Henry Vandyke Carter)가
그린 그림을 참고했다.[1]

얼마나 뜨거웠는지 작가 찰스 킹즐리(Charles Kingsley)는 『물의 아
이들(*The Water-Babies*)』에서 '대해마(The Great Hippocampus)'라
는 표현을 사용하면서 이를 비꼬기도 했습니다.

  그렇다면 인간의 뇌가 가진 독특성은 무엇일까요? 먼저 물리적
크기를 들 수 있습니다. 절대적 크기도 상당히 큽니다. 하지만 가
장 큰 건 아닙니다. 코끼리는 인간에 비해 네 배나 큰 뇌를 가지고
있죠. 고래는 더 큽니다. 하지만 체구가 너무 커서 그런 것입니다.
즉, 고래나 코끼리 수준으로 너무 큰 경우를 제외하면 대형 포유
류 중에서는 인간의 뇌가 독보적으로 크다고 할 수 있습니다.[2,3]

  그렇다면 체중 대비 뇌 크기는 단연 1등일까요? 반드시 그런
것도 아닙니다. 쥐여우원숭이, 박쥐, 다람쥐 등과 같은 작은 동물
과 비교하면 체중 대비 뇌 크기가 비슷합니다. 두더지보다는 오히
려 작죠. 하지만 역시 너무 큰 동물이나 너무 작은 동물을 제외하

면, 인간의 뇌는 매우 큰 편입니다.

인간의 뇌는 차곡차곡, 가끔은 훌쩍 커졌습니다. 고인류의 뇌 크기를 측정하기 위해서 종종 화석화된 두개골의 내부 주형[•]을 분석하는데, 그 연구에 따르면 약 200만 년 전부터 호미닌의 뇌가 급격하게 성장하기 시작했습니다. 오스트랄로피테쿠스는 다른 영장류와 비슷한 정도의 뇌 크기를 가졌지만, 호모 사피엔스는 세 배나 더 큰 뇌를 가지고 있습니다.

이러한 상대적인 뇌 크기의 증가는 '대뇌화 지수(Encephalization Quotient, EQ)'라는 지표로 측정됩니다. 이는 동물의 신체 생장 크기에 적합하다고 예측되는 뇌 중량 값인 생장계수선으로 실제 뇌 중량을 나눈 지표입니다. 예를 들어 어떤 동물의 몸 크기를 봤을 때 X 정도의 뇌 중량이면 충분하다고 예측될 때, 이것으로 실제 뇌 중량을 나눠보는 것이죠. 이를 통해 해당 동물의 뇌가 얼마나 큰지 알 수 있습니다.

표를 보면 알 수 있듯이, 오랑우탄에서 시작하여 호모 사피엔스에 이르기까지 EQ는 점차적으로 증가하는 추세를 보입니다. 이는 호모 사피엔스가 체중에 비해 상대적으로 가장 큰 뇌를 가지고 있음을 의미하며, 인간의 뇌가 다른 영장류와 비교하여 얼마나 크게 진화했는지 보여줍니다. 특히 호모 하빌리스와 호모 에렉투스에서 호모 사피엔스로 넘어가는 과정에서 대뇌화 지수가 크게 증가한 것이 관찰됩니다.

● 뇌를 감싸는 머리뼈의 내부 공간 형태.

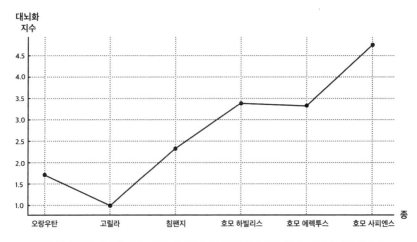

대뇌화
지수

4.5

4.0

3.5

3.0

2.5

2.0

1.5

1.0

오랑우탄　　　　고릴라　　　　침팬지　　　호모 하빌리스　호모 에렉투스　호모 사피엔스　　종

영장류와 인류의 대뇌화 지수. 호모 사피엔스가 탁월하게 높음을 알 수 있다.[4] 세부적인 대
뇌화 지수는 측정 방법에 따라 조금 다를 수 있다.

큰 뇌를 유지하는 방법

분명 큰 뇌가 생존과 번식에 더 유리했기 때문에 그렇게 진화
했을 것입니다. 그러나 무조건 크다고 좋은 것은 아닙니다. 인간
의 뇌는 매우 비싼 기관입니다. 체중의 2퍼센트에 불과하지만 전
체 에너지 소모량의 20퍼센트를 차지합니다. 휴식 중에도 상당한
에너지를 사용해서 활발히 사고할 때와 에너지 사용량이 크게 차
이 나지 않죠. 그러므로 쓰지 않는 뇌는 점점 작아질 것입니다. 예
를 들어 멍게는 필요 없게 된 뇌를 흡수하여 없애버리기도 합니다.

인간은 뇌의 엄청난 요구량을 어떻게든 맞추면서 대뇌를 진화
시켜왔습니다. 인간 뇌의 에너지 요구량을 충족시키는 방법은 두
가지입니다. 하나는 체구에 비해 더 많은 에너지를 획득하는 것이

고, 다른 하나는 다른 장기나 신체 기능을 희생하여 에너지를 재분배하는 것입니다.

인간이 큰 뇌를 유지하기 위해 취한 전략 중 하나는 식이 개선입니다. 영양가 높은 음식을 섭취하는 방법으로, 예를 들어 골수 섭취를 늘리거나 음식을 요리하는 방법이 있습니다. 앞서 말한 대로 요리는 음식물의 획득과 섭취에 필요한 시간을 줄이면서도 고품질의 영양을 제공하는 중요한 요소입니다. 인간이 큰 뇌를 유지하기 위해 오직 날음식에만 의존했다면, 하루에 무려 9시간은 음식을 찾고 먹는 데 쏟아부어야 했을 것입니다. 이는 생태학적으로 불가능한 시간이며, 인간의 생활 방식과도 부합하지 않습니다. 이러한 상황에서 요리의 발달은 중요한 역할을 했습니다.

여기까지 읽고 나면 왜 인간은 다른 동물들처럼 날음식만 먹고도 고도의 효율을 낼 수는 없었던 것인지 궁금할 수 있습니다. 실제로 인간의 소화 시스템은 이전보다 에너지 효율성을 높이기 위해 간소화되었습니다.

'비싼 조직 가설(expensive tissue hypothesis)'은 비싼 뇌를 위해서 상대적으로 값싼 다른 조직을 포기했다는 주장인데, 이는 인간의 소화 능력이 점차 '퇴화'했음을 의미하죠. 소화 능력의 퇴화를 보완하기 위해 인간은 식사의 질을 향상시켰던 것이고요. 영양가 높고 에너지가 풍부한 식품을 섭취하기 쉬운 형태로 '전처리'하자 작은 치아, 약한 턱, 짧은 소화관을 가진 인간이 충분한 에너지를 흡수할 수 있게 됐습니다. 특히 잘 조리된 육류는 중요한 역할을 했죠.[5]

고에너지 식품의 섭취와 지능의 발달은 상호작용을 했을 것으로 보입니다. 더 나은 식재료의 처리와 섭취를 위해서는 높은 지능이 필요했으며, 이는 불 사용, 도구의 사용, 집단적 협업, 성별 분업과 같은 문화적 혁신을 촉진했습니다. 이러한 문화적 혁신은 요리와 지능의 공진화를 가능하게 했으며, 결과적으로 뇌의 비중이 증가함에 따라 위장관의 크기는 점차 줄어들었습니다.

또한 인간은 놀라울 정도로 다양한 종류의 음식을 먹으며, 이는 인지적 능력과 생물문화적 기술에 기반하고 있습니다. 이러한 기술적 혁명은 나중에 신석기 시대의 농업 혁명을 가능하게 해주었죠. 결과적으로 기아를 예방하고 안정적인 식량 공급을 보장하는 데 기여했습니다.

다양한 식재료를 효과적으로 요리해서 사람들과 나누어 먹는 것으로는 부족했습니다. 더 효율적인 에너지 활용을 위해 다양한 방법을 동원했습니다. 초기 호미닌은 네발걷기에서 두발걷기로 진화하면서 평원에서의 이동 효율성이 증가했습니다. 또한 인간은 다른 영장류에 비해 느리게 성장합니다. 성장과 번식 속도를 줄임으로써 뇌 성장을 위한 추가적인 에너지를 확보했죠.

하지만 낮아진 자연 사망률과 길어진 수명이 번식상의 이점을 제공해도 결국 한계에 봉착하게 됩니다. 이를 '회색 천장(gray ceiling)'이라고 하는데, 대략 600~700cc 수준입니다. 즉, 뇌 크기가 700cc에 달하면 혼자 힘으로는 더 이상의 대뇌화가 불가능해지죠.

인간은 협력적 양육을 통해 이러한 한계를 극복한 것으로 보입니다. 호모 에렉투스 시절부터 나타난 남녀 간의 강력한 짝 결합과 고기를 공유하는 행동이죠. 특히 어린이는 충분한 에너지를 섭취해야 합니다. 인간은 다른 동물과 달리 독립 생활 혹은 핵가족 기반의 생활로는 생존하기 어렵습니다. 큰 집단을 이루며 협력하며 양육합니다. 이러한 양육 동맹은 친족, 특히 할머니의 양육 지원과 함께 출산 간격을 줄이는 데 기여합니다.

그렇다면 어떻게 협력적 양육이 대뇌화를 가능하게 했을까요? 인간의 뇌 성장에 필요한 에너지 공급의 병목 현상은 주로 임신 기간과 초기 유아기에 집중됩니다. 아기의 뇌는 기초 대사율의 약 60퍼센트를 소모합니다. 뇌의 용량은 두 돌이 되기 직전까지 아주 빠른 속도로 증가하는데, 어머니 배 속에 있는 것과 비슷한 수준입니다. 초등학교에 들어가기 직전까지도 제법 빠른 속도로 발달하므로 출생 후 수년간 많은 에너지가 필요합니다. 협력적 양육이 뒷받침되어야 뇌가 자랄 수 있겠죠.

뇌의 다섯 가지 특별한 변화

앞서 말한 대로 인간의 뇌는 수백만 년에 걸쳐 점점 커졌습니다. 단지 크기만 커진 건 아닙니다. 그렇다고 소해마처럼 얼토당토않은 하부 기관이 갑자기 나타난 것은 아니고요. 뇌의 각 부위는 서로 다른 방향으로 전문화되기 시작했고, 후각피질의 퇴화, 시각피질과 청각피질의 발달, 감각운동피질의 발달, 고위실행피질의 발달 등 크게 다섯 가지 주요 변화를 겪었습니다.

후각피질의 퇴화와 시각 및 청각 피질의 발달은 인간이 화학적 신호보다 빛과 소리에 더 많이 의존하게 되었다는 의미입니다. 특히 시각피질의 발달은 인간에게 매우 중요했습니다. 시각은 도구 및 불 사용 등과 같은 다양한 능력의 기반이 되었으며, 세밀한 색상 구분이 가능하도록 하여 인류가 문명을 이룩하는 데 큰 도움을 주었거든요. 청각은 인간의 공감 능력, 언어, 사회성, 판단력, 협력 능력 등 정신적-심리적 발전의 기초를 형성했습니다. 한편 감각 운동피질의 발달은 감각기관과 뇌의 연결을 강화하여 외부 세계로부터의 데이터 전송을 촉진했습니다.

물론 가장 핵심적인 것은 전두엽에 위치하며 복잡한 인지적 기능을 담당하는 고위실행피질의 발달입니다. 우리는 뇌를 컴퓨터에 비유하지만 뇌는 컴퓨터와 다른 방식으로 작동합니다. 컴퓨터는 철저한 논리와 반복적인 실험을 통해 설계하지만, 인간의 뇌는 생존을 위한 진화의 산물입니다. 의도하지 않은 순서대로 다양한 감각 정보와 의지가 복잡하게 얽혀 있습니다. 이러한 복잡성은 인간의 뇌가 단순한 중앙 명령 시스템이 아니라, 다양한 기능과 과제를 수행하는 복잡한 네트워크임을 시사합니다.

특히 호모 사피엔스의 뇌에서 진화한 전전두엽은 예측, 계획, 실행과 같은 고급 기능을 담당하며 윤리, 도덕, 공감의 근원이기도 합니다. 이 부위는 뇌의 다양한 영역에서 들어오는 신호를 통합적으로 처리하는 역할을 하기 때문에, 때로는 뇌가 단일한 관제센터에 의해 운영되는 것처럼 보이기도 합니다.

그러나 인간은 환청을 듣고 착시를 경험하는 존재입니다. 정신장애인뿐 아니라, 보통 사람도 흔히 경험하는 일이죠. 뇌가 각기 다른 기능을 하는 모듈들이 결합하여 진화해 온 복잡한 기관이기 때문에 일어나는 일입니다. 협력·공감·예측을 하지만, 싸우기도 하고, 미워하기도 하고, 어리석은 결정을 내리기도 합니다. 인간의 뇌는 완벽함을 추구하도록 진화한 게 아니라 다양한 생태적 조건에서 살아남고 번성하기 위해 진화했습니다.

뇌의 성장을 이끈 요인들

인간은 도대체 왜 이렇게 기를 써서 큰 뇌를 얻고 싶었던 것일까요? 더 정확하게 말해서, 뇌의 성장을 이끈 선택압이 과연 무엇이었을까요? 그 원인에 대한 다양한 가설이 있습니다.

① 잡식 가설

첫 번째 가설은 인류가 잡식을 하기 위해 향상된 인지 능력을 발달시켰다고 주장합니다. 이는 다양한 식단을 획득하고 처리하는 데 필요한 능력을 강조합니다.[6] 예를 들어 독성 식물과 영양가 있는 식물을 구별하거나 사냥과 채집에 필요한 전략을 개발하는 것은 복잡한 인지 능력을 필요로 하죠.

인간은 본능적으로 영양가가 높은 식품을 선호합니다. 이런 선호는 고농도의 에너지원을 확보하려는 선택압에서 비롯됩니다.

특히 고기는 에너지와 영양을 농축한 식품으로, 인간의 식단에서 중요한 부분을 차지합니다.

흔히 수렵채집인이 과일이나 잎사귀, 뿌리류를 주로 먹었을 것이라고 생각합니다. 그러나 이는 사실이 아닙니다. 이들의 식단에서 고기가 차지하는 비율은 약 60퍼센트에 달합니다. 반면 침팬지와 같은 다른 영장류는 식단을 주변에서 쉽게 구할 수 있는 먹거리로 채웁니다. 대부분을 과일이나 잎사귀로 충당하죠. 하지만 인간은 이러한 식품으로 식단의 8퍼센트 정도만을 충족할 뿐입니다.

고릴라와 같은 대부분의 초식동물은 좁은 지역에서 먹거리를 구하며, 하루에 8시간 이상을 먹는 데 소비합니다. 반면 인간은 침팬지보다 훨씬 넓은 범위를 돌아다니며 고열량의 식량을 찾습니다. 이러한 습성은 인간의 내비게이션 능력, 기억력, 양질의 식사에 대한 갈망과 직결되어 있습니다.

이런 이유로 식량의 질과 안전성을 판단하는 능력이 크게 발달했습니다. 다른 동물도 먹이를 가려 먹지만, 다양한 먹거리를 감각으로 검증하는 이들의 능력은 수억 년의 진화 과정을 거쳤습니다. 그러나 인간은 학습을 통해 이 과정을 빠르게 대체했죠. 독초와 약초를 구별하는 방법, 식량을 채집하고 가공하는 방법 등은 세대를 거쳐 학습됩니다. 당연히 큰 뇌가 필요합니다.

사냥은 단순히 식물성 음식을 찾아 입에 넣는 것보다 훨씬 복잡한 기술을 요구합니다. 사냥감은 도망치고 반격할 수 있으며 살집이 좋은 대형 동물은 위험할 수 있습니다. 그래서 효과적인 사냥 기술을 습득하는 데는 시간과 경험이 필요합니다. 뇌의 발달은 다양한 기술적 능력의 습득을 가능하게 했으며, 이는 수명의 연장과 함께 발전했습니다.

이러한 탐색과 식량 확보 과정은 뇌 발달에 중요한 영향을 미쳤을 것으로 추정됩니다. 먼 거리를 이동하고, 다양한 식량원을 기억하며, 위험한 상황에서 생존하기 위한 전략을 세우는 과정에서 인간의 뇌는 복잡한 인지 능력을 발달시켰을 것입니다.

② 도구 사용 가설

두 번째 가설은 도구의 사용과 발전이 뇌 성장을 자극했으며, 이는 다시금 더 복잡한 도구 발명을 가능하게 했다는 것입니다. 초기 인류가 점차 더 정교하고 복잡한 도구를 개발함에 따라 이를 만들고 사용하는 데 필요한 인지적·기술적 능력이 발달했습니다.[7] 앞서 말한 잡식 가설과 연결되는 주장입니다.

도구는 구하기 어려운 식량을 찾아 가공하려는 목적으로 만들어집니다. 사냥을 위한 도구, 요리를 위한 도구도 있습니다. 원거리 사냥을 하려면 움막도 만들어야 하고, 옷도 만들어야 합니다. 물론 신발도 필요하겠죠. 시행착오를 거치며 도구를 만들기보다 오랜 세월을 거쳐 전수된 제작 기술의 도움을 받는 편이 유리합니다. 이를 배우고 가르치려면 똑똑한 뇌가 필요하죠.

③ 탄도 가설

세 번째는 탄도 가설입니다. 물체를 정확하게 던지는 능력이 생존상의 큰 이점을 제공했으며, 이를 위해 정교한 인지적 조율 능력이 진화했다고 주장합니다. 이는 먼 거리의 목표물을 정확히 타격하는 능력과 관련된 뇌의 부분이 발달했음을 의미합니다. 예를 들어 사냥 중 정확한 던지기 기술은 먹이를 획득하는 데 결정적인 역할을 했을 것입니다.[8,9]

왜 인간은 공 던지기를 좋아할까요? 그리고 다른 동물은 하지 못할 만큼 정확하게 투척할 수 있게 된 걸까요? 엄청난 속도로 정확하게 공을 주고받는 야구 선수, 저 멀리 있는 과녁에 화살을 맞추는 양궁 선수의 능력은 경이롭습니다. 탄도 가설은 도구 가설, 사냥 가설과 연결되는 주장인데, 인간에게 특별하게 발달한 손과 팔, 어깨의 해부학적 구조, 높은 수준의 시력과 정확한 자세 제어 능력 등을 강조합니다.

④ 성선택 가설

네 번째 가설은 인간의 지능이 생태적 생존을 넘어서 성선택의 결과로 진화했다고 설명합니다. 지능이 이성을 선택하는 과정에서 중요한 역할을 했다는 것입니다.[10] 남성이든 여성이든 배우자의 자질을 결정하는 가장 중요한 요인은 바로 지능입니다. 누구나 똑똑한 사람을 만나고 싶어합니다. 생존 가능성도 높고, 영리한 자녀를 얻을 가능성도 높아질 것이기 때문이죠.[11]

그런데 상대가 영리한지 아닌지 어떻게 알 수 있을까요? 식량 채집 능력이나 도구 제작 능력, 던지기 능력을 직접 가늠할 수도 있겠죠. 하지만 시간도 오래 걸리고 평가하기도 어렵습니다.

그래서 음악이나 언어, 예술 능력이 발달한 것인지도 모릅니다.

물론 음악적 재능이나 예술적 재능, 자유자재로 어려운 말을 구사하고 재미있는 대화를 이끌어가는 능력은 생존에 당장 도움이 되지 않습니다. 그러나 우리는 그런 자질을 가진 이성을 좋아합니다. 높은 지능이 있어야 지닐 수 있는 능력이기 때문이죠.

이는 쉽게 흉내 낼 수 없는 능력이므로, 지금도 구애를 할 때는 '당장 필요하지 않은' 지적 능력을 과시하는 방법을 이용합니다. 아름다운 시를 쓰고 피아노를 감동적으로 치며 어려운 수학 문제를 척척 풀어내면 정말 매력적으로 보이는 것이죠.

⑤ 유전자 각인 가설

유전자 각인(genetic imprinting)은 유전자 발현이 부모 중 한쪽의 기원에 따라 다르게 조절되는 생물학적 현상을 말합니다. 이 과정은 특정 유전자가 부모 중 한 명으로부터 받은 복사본이 활성화되고, 다른 한 명으로부터 받은 복사본은 비활성화되는 방식으로 이루어집니다. 간단히 말해서 신피질의 발달에 관여하는 유전자가 주로 어머니로부터 유래되어 발현되고, 변연계 발달 유전자가 주로 아버지로부터 유래되어 발현될 수 있다는 주장입니다.[12]

신피질은 고도의 인지 기능과 관련이 있으며, 이는 사회적 상호작용, 언어, 추상적 사고와 같은 복잡한 인지 과정을 담당합니다. 반면 변연계는 감정, 본능적인 반응, 기억과 같은 기본적인 뇌 기능과 연관되어 있습니다. 서로 다른 생존 전략을 반영하며, 인간이 다양한 환경과 상황에 적응할 수 있게 해줍니다.

예를 들어 어머니의 뇌에서 더 발달된 신피질은 사회적 상호작용과 복잡한 환경에서의 적응을, 아버지의 변연계는 더 본능적인 반응과 감정 처리를 담당했을 것입니다. 너무 단순화한 설명이지만, 이러한 게놈 각인은 더 다양한 환경에 대해 적응할 수 있도록 해주는데, 이 과정에서 뇌가 더 커졌을 것입니다.

남성으로서 필요한 지능이 있고, 여성으로서 필요한 지능이 있습니다. 인간은 성적 분업을 통해 큰 이익을 얻은 종이고, 이러한 선택압은 결과적으로 남녀 모두 높은 수준의 추상적 사고 능력과 정서적 공감 능력을 가지도록 만들었습니다.

⑥ 마키아벨리 지능과 사회적 뇌 가설

여섯 번째 가설은 인간 집단의 크기가 증가하면서 대인관계가 복잡해져서 높은 지능이 필요해졌다고 설명합니다. 사회적 상호작용에서 발생하는 복잡한 긴장 관계가 뇌의 발달을 촉진했다는 것이죠.[13] 대인 관계를 유지하고 타인의 의도를 파악하며 사회적 기만을 감지하는 능력은 복잡한 사회 구조를 유지하는 데 아주 중요한 역할을 하니까요.

많은 사람이 복닥거리면서 사는 환경에서는 사기꾼 또한 많아집니다. 시골 사람은 인심도 후하고 순진하지만, 도시 사람은 의심도 많고 계산적이라고 하죠? 자연스러운 일입니다. 처음 보는 사람이 득실대는 곳은 사기꾼이 좋아하는 장소죠.

사회적 상호작용은 원심력과 구심력 사이의 균형을 필요로 합니다. 멀어져야 할지 다가서야 할지, 어떤 행동이 최대의 이득을 가져올지를 판단해야 합니다. 이러한 '가늠질'을 하는 데 인간의 뇌는 상당한 에너지를 소모합니다. 타인의 마음 상태를 이해하고 그들의 행동을 예측해야 하죠. 복잡한 인지 능력을 사용하여 집단 생활에서 구심력과 원심력 사이의 균형을 찾아내는 것입니다. 이를 '마음 이론(theory of mind)'이라고 합니다.[14]

필요에 따라 동맹을 맺거나 해체하며 자신의 이익을 극대화하는 인지 능력은 니콜로 마키아벨리(Niccolò Machiavelli)를 떠올리게 합니다. 마키아벨리는 르네상스 시대의 정치 철학자로, 『군주론(Il Principe)』에서 권모술수와 실용주의적 정치 전략을 강조했습니다. 정치에 필요한 이러한 능력은 인간 뇌의 고도화를 촉진하는 중요한 요소로 작용했습니다.

인간의 뇌는 상대를 속이기 위해, 그리고 상대로부터 속지 않기 위해 진화했죠. 이는 누구와 가까이 지내고 누구와 멀어질지를 결정하는 복잡한 과업을 포함합니다. 끊임없는 속임수와 방어의 인지적 경쟁 속에서, 이러한 판단 과정을 처리할 수 있는 고도의 뇌가 필요하게 된 것입니다.

⑦ 기후 변화 가설

마지막으로 기후 변화 가설은 지난 수백만 년 동안의 극적인 기후 변화가 인간의 뇌 발달에 영향을 미쳤다고 설명합니다. 이는 변화하는 환경에 적응하기 위해 인지적 능력이 향상될 필요가 있었음을 의미합니다. 기온과 식생의 변화에 적응하고 새로운 자원을 찾아내고 활용하는 데 필요한 능력이 뇌의 발달을 촉진했겠죠.

높은 기온 변동성은 두개골 용적과 양의 상관관계가 있습니다.

이는 극단적인 환경 조건에서 생존하기 위해 더 큰 두개골 용적이 필요했음을 의미합니다.

반면, 기생충 유병률과 두개골 용적은 음의 상관관계가 있습니다. 추운 기후에서는 기생충에 감염될 위험이 적기 때문에, 인체는 더 많은 에너지를 뇌 성장에 사용할 수 있었습니다. 빙하기 동안 인류는 점점 추운 환경에서 살아야 했지만, 추운 곳에는 기생충이 거의 없었기 때문에 감염병을 덜 앓았습니다.

이 가설들은 서로 경쟁하는 가설이 아닙니다. 아마 여러 요인들이 복합적으로 작용했을 것입니다. 시너지 모델에 따르면, 두발 걷기와 포식자 회피, 집단 크기 증가, 복잡한 사회 구조, 넓은 활동 영역, 양질의 식단 추구, 장거리 이동 능력, 체구 증가, 친족 협력, 기후 변동, 기술적 발달, 느린 성장기, 도구 사용의 필요성, 남성과 여성의 협력, 구애와 성선택, 사기꾼 탐지와 기만 전략 등의 수많은 요인이 모두 어우러지면서 인간다운 뇌, 즉 인간성을 이루는 정서·인지·행동 수준의 진화가 일어난 것으로 보입니다.

● **토론해 봅시다**

Q1. 뇌가 커진 이유는 무엇일까?

Q2. 뇌가 진화하는 과정에서 뇌의 각 부위가 전문화된 이유는 무엇일까?

Q3. 뇌가 발달했기에 도구를 쓰게 된 것일까, 도구를 쓰다 보니 뇌가 발달한 것일까?

Q4. 왜 우리는 소위 '뇌섹남'에게 매력을 느끼는 것일까?

4부

믿고 속이고 사랑하는 사회

1장

독특한 사랑의 법칙

인간은 유인원과는 다른 형태로 사랑을 합니다. 오랑우탄이나 고릴라, 침팬지는 모두 독박 육아입니다. 암컷이 짧은 기간 동안 새끼를 돌보고, 수컷은 자식에게 별 신경을 쓰지 않죠. 양육 기간이 짧고, 인간의 아기에 비해 양육이 어렵지 않기 때문입니다.

오랑우탄과 고릴라 수컷은 다른 수컷으로부터 짝을 지키는 데 관심이 있습니다. 암컷도 힘센 수컷의 짝이 되는 것에만 관심이 있을 뿐, 육아를 도와주는 수컷을 찾지는 않습니다. 침팬지는 짝이 너무 자주 바뀌기 때문에 누가 아버지인지 알기 어려워서 수컷의 양육 보조도 없고요.

그러나 인간은 아닙니다. 혼자서는 아기를 건강하게 키우기 어려우므로 온 가족이 육아에 동참하는데, 특히 남편의 도움이 아주 중요합니다. 직접 도와주거나, 식량을 구해 오거나, 안전한 보금자리를 만들거나, 위협으로부터 가족을 보호하죠. 오랫동안 양육 동맹을 잘 지켜낸 아버지와 어머니가 자식을 건강하게 키워냈습니다. 자식은 부모를 닮는 법이니, 점점 서로 깊이 사랑하는 부부가 진화했죠. 네, 인류는 아내와 남편이 백년해로하는 중입니다.

까다로운 사랑의 조건

우리는 아주 까다롭게 짝을 고릅니다. 그런데 남성과 여성의 기준이 매우 다르죠. 미국의 진화심리학자 데이비드 버스(David Buss)는 인간의 짝짓기 선호도에 관한 연구를 통해 성별에 따른 차별적 선호도가 실제로 존재하는지 조사했습니다. 흔히 '속물적'이라고 여겨지는 인간 본성의 측면을 밝혀내려는 것이었죠.

버스의 연구에 따르면, 여성은 잠재적 수입을 중요시하고 남성은 신체적 매력에 더 높은 가치를 두는 경향이 있습니다. 또, 남성은 어린 여성을 선호하고 여성의 순결에 더 큰 가치를 두며, 여성은 장래 배우자의 야심과 추진력을 중요하게 생각했습니다. 물론 남녀 모두 이러한 기준을 다 적용하지만, 남성과 여성의 상대적 선호도는 짝의 여러 자질에 따라 달랐습니다.

버스의 연구는 매우 광범위하고 다양한 문화권에서 이루어졌습니다. 아프리카, 유럽, 북미, 오세아니아, 남미에 이르기까지 전세계 37개 문화권에서 다양한 종교, 인종, 민족, 경제적 배경을 지닌 1만 명 이상의 참여자로부터 데이터를 수집했죠. 그런데 모든 문화권에서 남성은 자신보다 나이가 적은 파트너를 선호하는 경향이 여성보다 높게 나타났습니다.

다른 연구에서도 이런 경향이 일관되게 나타납니다. 온라인 데이트 사이트에서 수집된 14개국 2만여 명의 데이터를 분석한 결과, 여성은 본인의 나이에 비례하여 연령이 높은 파트너를 선호한 반면, 남성은 50대가 되어도 주로 30대의 파트너를 선호하는 것으로 나타났습니다. 또한 여성은 대부분의 문화권에서 남성보다 파트너의 재정적 능력을 중요하게 여기는 것으로 밝혀졌습니다. 36개 문화권에서 이러한 경향이 관찰되었고, 29개 문화권에서는 여성이 남성보다 배우자의 야심과 성실성에 더 높은 가치를 두는 것으로 나타났습니다.[1]

하지만 남성과 여성, 즉 아버지와 어머니의 자질이 그리 다를 리 없습니다. 성별에 관계없이 모든 문화권에서 좋은 배우자의 조건은 친절함, 배려, 지능, 성격, 건강, 융통성, 창조성, 학력 등과 같이 비슷하게 나타납니다. 이러한 현상은 인간 사회의 일부일처제와 부모의 협력적 양육 투자에 따른 것입니다.[2]

인간은 높은 수준의 일부일처제를 유지하며, 그 과정에서 성별 간의 차이가 줄어들었습니다. 이는 양성 모두가 자녀 양육에 많은 시간과 에너지를 투자한 결과 나타나는 현상입니다. 예를 들어 좋은 아버지는 여성으로 태어났다면 좋은 어머니가 될 수 있고, 그 반대도 마찬가지입니다. 즉, 양성 간에 선호하는 이성의 특징이 매우 유사하다는 것이죠.

그러나 남성과 여성은 근본적인 생물학적 차이가 있습니다. 아기는 오직 여성만 낳을 수 있거든요. 따라서 유성 생식을 하는 일반 조건하에서 후손을 효과적으로 보호하고, 이를 통해 자신의 유전자를 물려주기 위해 짝 선택의 다양한 성 간 차이가 나타나게 되었죠.

이성에 대한 다양한 선호와 성 간 차이가 나타나는 것은 "이 파트너와의 번식을 통해 건강한 후손을 낳고, 그들이 안전하게 성장할 수 있는 환경을 얻을 수 있는가?"라는 근본적인 질문에 대한 진화적인 해결책이라고 볼 수 있습니다.[3]

건강한 사람에게 끌리는 이유

유성생식의 진화는 한편으로는 감염병과의 싸움에서 우위를 점하기 위한 전략으로 볼 수 있습니다. 유성 생식을 통해 다양한 유전자 조합을 만들어내면서, 병원균이나 기생충 등에 대한 저항력을 높이는 유전적 다양성을 확보할 수 있기 때문이죠.

이러한 맥락에서 자신과 다른 유전자를 가진 배우자를 선호하는 경향이 생겼을 것입니다. 자신과 너무 비슷하지 않으면서도 동시에 짝짓기가 가능한 정도의 유사성을 갖는 이상적인 상대를 찾는다는 말이죠. 다만, 너무 다른 유전자를 가진 배우자는 새로운 감염병의 위험을 증가시킬 수도 있기 때문에, 어느 정도 적당한 유전적 차이를 가진 배우자를 선택하는 것이 유리합니다.[4]

인간은 시각적 능력이 우수한 종이라 외모를 통해 배우자의 건강 상태를 직관적으로 판단하는 능력이 발달했습니다. 깨끗한 피부, 좋은 혈색, 튼튼한 신체 상태는 건강하다는 직관적 신호로 작용할 수 있습니다. 과거에 질병이나 부상을 겪었다면 그 흔적은 신체에 남을 테고, 좀처럼 매력적으로 보이기 어렵죠.[5]

좌우 균형도 중요합니다. 건강한 신체는 대체로 대칭적 형태를 갖는데, 노화나 질병의 징후가 없음을 나타내는 지표입니다. 이러한 대칭성과 관련된 선호도는 세대를 거듭하며 인간의 보편적인 심리적 특성으로 자리 잡았습니다. 우리는 좌우가 비슷한, 균형 잡힌 얼굴과 체형을 매력적으로 여깁니다.[6]

평균적 외모도 중요합니다. 평균적 외모는 해당 집단의 생태적 환경에 적응한 최적의 진화적 해결책일 가능성이 높기 때문이죠. 이러한 선호가 형성되는 기전은 아직 명확히 밝혀지지 않았지만, 평균적 외모는 집단에 잘 적응한 유전적 특성을 반영하는 것 같습니다. 그래서 여러 사람의 얼굴을 조합해서 평균적인 가상의 얼굴을 만들면 훨씬 매력적으로 보이는 것이고요.[7]

건강한 남성과 여성의 몸은 대개 비슷한 신호를 발산합니다. 건강한 피부나 활기찬 몸짓, 젊은 체형 등이죠. 그런데 다른 점도 있습니다.

테스토스테론 수치가 높은 남성은 거친 외모를 가질 수 있습니다. 강한 면역력의 신호로 해석될 수 있죠. 사실 남성호르몬은 건강에 별로 유리하지 않습니다. 감염병도 많이 걸리고 수명도 짧아지죠. 물론 경쟁에는 유리합니다. 남성호르몬에 의한 남성적 외모는 높은 수준의 남성호르몬을 견딜 수 있는 건강한 신체라는 뜻일 수도 있습니다.

여성의 경우 허리와 엉덩이의 비율이 중요한 지표로 여겨집니다. 건강한 여성은 허리와 엉덩이의 비율(WHR)이 대체로 0.67~0.80인 것으로 알려져 있는데, 만약 이 수치가 높다면 심혈관 질환, 당뇨병, 뇌졸중, 암, 난소 및 담낭 질환에 많이 걸립니다. 월경도 불규칙하고 임신 실패율도 높아지죠. 비만인 경우도 많습니다. 비만은 건강에 안 좋고, 건강한 아기를 낳을 가능성도 낮아집니다.

여성호르몬인 에스트로겐 수치가 적절해야 건강한 비율이 나타납니다. 즉, 허리와 엉덩이의 비율을 보고 매력을 느끼는 것은 적절한 여성호르몬 수준을 반영하기 때문입니다. 적당한 수준의 날씬한 외모를 매력적으로 생각하는 진화적 이유입니다.[8]

환경에 따라 달라지는 매력

'환경적 안정성 가설(environmental stability hypothesis)'에 따르면 신체적 매력에 관한 선호도는 고정된 것이 아니며, 환경과 상황에 따라 변화합니다. 번식 적합도를 최대화할 수 있는 배우자의 조건은 시대와 환경의 요구에 따라 다를 수 있습니다.[9,10]

과거 유럽에서 발견된 빌렌도르프의 비너스 조각상을 보면 아주 뚱뚱합니다. 지금이라면 당장 병원에 가야 할 체형이죠. 그러나 당시에는 그런 외모를 건강하게 여겼던 것 같습니다. 환경이 불안정한 상황이라면 충분한 영양 공급을 받은 체형이 이상적으로 여겨졌겠죠. 추운 기후와 풍족하지 못한 식생활 조건이라면 살집이 있는 외모가 더 좋습니다. 늘어난 지방은 임신 중인 여성에게 에너지를 공급하고 체온을 유지하는 데 중요한 역할을 했을 테니까요.

아프리카나 남미의 전통 사회를 조사해 보면 여성의 매력에 관한 기준이 달라지기도 합니다. 허리가 가는 여성을 굶었거나 병든 여성으로 판단하고, 허리가 굵고 살집 있는 여성을 매력적으로 여겼습니다. 전통 사회에서 지나치게 날씬한 여성은 사실 가난한 집에서 태어나 제대로 먹지 못했다는 뜻입니다. 식량을 제대로 구할 능력이 없다는 것이니까요.[11]

이런 변화는 빠른 속도로 일어나기도 합니다. 불과 수십년 전만 해도 후덕한 외모가 매력으로 인식되었습니다. 제2차 세계대전이 끝난 서구 사회에서는 마릴린 먼로처럼 육체파 여배우가 큰 인기를 끌었고요. 하지만 전후 고도 성장기를 거치면서 날씬한 몸매가 매력적인 체형으로 부상하기도 했습니다. 최근에 강인한 남성미보다는 여성스러워 보이는 남성 아이돌이 인기를 얻는 현상도 흥미롭습니다.

그러나 이러한 상반된 연구 결과는 연구 방법의 문제인지도 모릅니다. 사실 심리학 연구에는 큰 문제가 하나 있습니다. 주로 서구 대학에 속한 과학자가 서구 대학의 학생을 대상으로 진행한다는 점이죠. 이를 WASP 편향과 WEIRD 편향이라고 합니다.

WASP는 'Western, Academic, Scientific, Psychologists'의 약어로, 심리학 연구를 주도하는 연구자가 서구의 학계에 속해 있다는 뜻입니다.[12] 연구자의 문화적 배경이 연구의 방향과 해석에 영향을 줄 수 있다는 것이죠. WEIRD는 'Western, Educated, Industrialized, Rich, and Democratic nations'의 약어로, 연구 참가자들이 주로 서구의 교육받은, 산업화된, 부유한, 민주적인 국가에서 모집되었다는 뜻이고요.[13]

이러한 문제는 대부분의 심리학 연구가 그 결과를 바로 일반화하기에는 무리가 있음을 나타냅니다. 다양한 문화적·경제적·교육적 배경을 가진 사람들로 구성된 표본을 사용하지 않으면, 연구 결과가 특정 집단의 심리적 특성이나 행동을 과하게 대표할 위험이 있습니다.

이성의 매력에 관한 지금까지의 연구는, 사실 서구 대학에 다니는 20대 초반의 성향을 조사한 것에 불과한지도 모릅니다. 다른 시대, 다른 지역, 다른 연령, 다른 조건이라면 결과도 다르게 나타날 것입니다. 인류의 진화사, 다양한 생태와 문화를 모두 반영하려면 심리학 연구에도 진화인류학적 접근이 필요합니다.

돈과 외모가 전부는 아니다

그렇다면 경제적으로 부유하고 사회적 지위가 높은 남성, 어려 보이면서도 날씬하고 균형 잡힌 몸매를 가진 여성이 인기를 독차지하는 현상은 어쩔 수 없는 일일까요? 아닙니다. 험난하고 척박한 환경에서 어떻게든 최적의 짝을 찾으려는 시도는 매력의 전형적 기준을 만들었지만, 그것이 지금도 적용되는 것은 아닙니다.

실제보다 성공한 사람으로 보이기 위한 허세와 과소비, 매력적인 외모를 가지기 위한 다이어트와 성형 수술 등은 현대 사회의 어두운 면입니다. 좋은 부모가 되기에는 결격 사유죠. 사실 최적의 배우자를 고르기 원한다면 허세와 허영에 빠진 사람을 거절해야 마땅하겠지만 오랜 진화적 본성이 지금의 사회문화적 환경과 충돌하고 있습니다.

봉건 사회의 여성은 한 사람당 약 12명의 아기를 낳았습니다. 임신과 출산, 수유기 내내 아기를 잘 키우려면 경제적으로 여유 있고 사회적으로 높은 지위를 가진 남편을 고르는 것이 바람직했을 것입니다. 남자 입장에서도 마찬가지입니다. 12명의 아기를 순산할 수 있는 젊고 건강하며 매력적인 여성을 고르는 것이 바람직했겠죠.

그러나 지금은 아닙니다. 아기를 두 명 내외로 낳으므로, 능력 있는 남편이 있다면 좋겠지만 여성 혼자서도 아이를 키울 수 있습니다. 남성도 마찬가지입니다. 의학 기술이 크게 발달했기 때문에 젊고 매력적인 여성이 아니어도 얼마든지 출산이 가능합니다.

따라서 현대 사회에서 중요한 배우자의 조건은 과거와 다를 것입니다. 따뜻한 마음? 우수한 지능? 원만한 대인 관계? 잘은 모르지만, 남성의 재력과 여성의 미모는 아닐 것입니다. 달콤한 음식이 부족했던 우리 조상은 단것을 좋아하도록 진화했습니다. 그러나 달콤한 음식이 넘쳐나는 지금도 타고난 본성에 휩쓸려서 매일 사탕과 초콜릿만 먹는다면 어떻게 될까요? 금방 건강을 해칠 것입니다. 이성의 매력에 관한 우리의 본성도 마찬가지입니다.

● **토론해 봅시다**

Q1. 왜 우리는 헌신적인 사랑을 할까?

Q2. 외모가 매력적인 이성을 좋아하는 이유는 무엇일까?

Q3. 재력, 학력, 성격 등 이성의 매력은 신체에 기반한 것일까, 아니면 다른 요인에 기반한 것일까?

Q4. 결혼하려는 사람들이 점점 줄어드는 이유는 무엇일까?

2장

결혼을 둘러싼 규칙

결혼은 단순해 보이지만 의외로 복잡하고 까다로운 제도입니다. 드레스와 턱시도를 입고 진행하는 결혼식은 의례일 뿐이고, 결혼의 핵심은 바로 양육 동맹이죠. 결혼을 통해 남녀는 자신의 유전 정보를 후대에 전달하고, 두 가족을 연결하여 더 큰 사회적 집단을 형성합니다.

그래서 결혼에 관한 다양한 사회적 규칙이 있습니다. 지참금이나 신부대가 대표적입니다. 결혼을 둘러싼 갈등은 어떨까요? 부부는 서로 질투하면서 외도하기도 하고, 일부는 결국 이혼하기도 합니다. 결혼 서약은 어디로 가고 이렇게 갈등을 벌이는 것일까요? 진화적 차원에서 결혼을 둘러싼 다양한 규칙, 갈등에 대해 알아봅시다.

협력적 문화에서 나타난 일부일처제

일부다처제는 전통 사회 중 일부에서 발견되지만 인류 역사 전체를 두고 봤을 때 그리 흔한 결혼 형태는 아닙니다. 특히 수렵채집 사회의 상당수는 사막이나 초원과 같이 중심에서 벗어난 환경에서 살아가기 때문에, 일부다처제를 보편적 현상으로 보기는 어렵습니다. 실제로 대부분의 사회, 그리고 종교에서 금지하고 있죠.

이슬람 문화권 국가에서도 실질적으로 아내를 여러 명 둘 수 있는 남자는 극소수에 불과합니다. 한국도 마찬가지입니다. 민법 제810조의 중혼 금지 조항을 두어 법적으로 일부다처제를 금지하고 있죠.

수렵 부족은 높은 수준의 일부일처제를 보입니다.[1] 사냥에 성공하면 고기를 혼자 다 먹을 수 없기 때문에 나누어 먹는 협력적 문화를 발달시켰는데, 그 과정에서 발달한 제도입니다.

가령 매머드를 잡았다면 30~50명 규모의 작은 집단이 1년 정도 먹을 수 있죠. 혼자 독차지하고 싶어 한들 고기는 금방 썩으니, 욕심을 부리기보다는 주변에 인심 쓰는 편이 좋습니다. 나중에 이웃이 사냥에 성공했을 때 자신의 지분을 요구할 권리가 생기기 때문이죠. 친족이 아닌 이들과의 상호 호혜적 관계를 구축하는 기반을 마련한 것입니다.

이러한 협력적인 문화가 나타나면 남성들 사이에서의 경쟁이 줄어듭니다. 그러다 보면 한 명 이상의 아내를 원하는 남성은 집단에서 쫓겨나겠죠.[2]

농경 사회는 곡물과 같은 장기 보관이 가능한 식량을 중심으로 이루어지기 때문에 상황이 완전히 다릅니다. 협력은 여전하지만, 평등한 협력이 아니라 위계에 기반한 협력입니다.

곡식은 1년에 1번만 수확할 수 있고 수확과 가공에 노동이 많이 들지만 오래도록 보관이 가능해서 독점할 수 있습니다. 곡식의 이 같은 특성은 수평적 협력 관계를 약화시키고 경쟁적 문화를 조장할 수 있습니다.

그 결과 농경 사회에 접어들면서 남성이 일생 동안 결혼하는 아내의 수가 사람마다 천차만별로 달라졌습니다. 어떤 남성은 수천 명의 후궁을 거느리고 살지만, 어떤 남성은 평생 아내 없이 노총각으로 죽어야 했죠.[3]

현대 문명사회에서는 어떨까요? 일부다처제는 종결되어 매우 소수의 문화에서만 나타납니다. 과거에는 대형 동물 사냥을 기반으로 한 일부일처제였다면, 지금은 민주주의와 평등주의라는 가치에 기반하여 유지되고 있습니다. 사회가 발전하면서 변화하는 결혼과 가족의 형태를 보여주는 좋은 예입니다.[4]

하지만 깊이 들여다보면 꼭 그런 것만도 아닙니다. 법적으로 불가능하다면, 이혼하고 새로운 아내를 만나면 그만입니다. 이를 연속단혼제라고 하는데, 이혼과 결혼을 반복하여 일생 동안 여러 여성을 만나는 것입니다. 사우디아라비아가 일부다처제로 유명하다고 하지만, 연속단혼제를 포함하면 일부다처제가 가장 많이 나타나는 나라는 미국일 것입니다.[5] 미국 기혼남의 3분의 1이 재혼남인 것이 이를 방증합니다.

신부대와 지참금, 결혼은 거래일까?

결혼은 문화와 시대에 따라 다양한 형태를 띠지만, 일반적으로 인정되는 몇 가지 핵심적 조건이 있습니다. 남편과 아내 사이의 상호 의무, 상호 배타적인 성적 접근권, 자녀에 대한 공유된 권리와 의무, 결혼의 영속성에 대한 기대 등입니다.

부부는 서로에게 경제적·정서적인 지원을 제공하고, 상대방에게만 성적 충성을 다하며, 자녀의 양육과 보호에 공동으로 책임을 져야 합니다. 또한 결혼은 아주 오래도록 유지되는 장기적 관계입니다. 요즘에는 점차 사라지는 추세이지만, 과거에는 결혼 주례사에 신랑과 신부는 '검은 머리가 파뿌리 되도록' 행복하게 살아야 한다는 문구가 꼭 들어가곤 했죠. 어느 문화에도 몇 년짜리 시한부 결혼은 없으며, 죽음 이후에도 부부 관계가 지속된다는 문화적 믿음이 일반적입니다.

현대 사회에서는 결혼이 점차 개인 단위에서의 관계로 바뀌고 있지만, 여전히 결혼은 두 집단 간의 관계입니다. 특히 부유하고 영향력 있는 가문이라면 더욱 그렇습니다. 전통적으로 혼인은 두 친족 집단이 연대하는 행위이며, 이 과정에서 각자 가진 권리와 의무가 서로 이전되기도 합니다.

신부대와 지참금은 결혼을 둘러싼 집안 간 거래의 전형입니다. 신부대는 신랑 집안이 신부 집안에 재물이나 재산을 보내는 것으로, 부계 사회에서 흔히 볼 수 있습니다. 이는 신부가 다른 집안으로 옮겨 가면서 발생하는 적합도 향상에 대한 대가로 해석할 수 있습니다. 반면 신부 집안이 신랑 집안에 건네는 지참금은 한국, 중국, 일본, 유럽과 같은 농경 사회에서 일반적입니다. 과거에는 지참금이 부담스러운 수준이어서 신랑 집안이 예단을 위해 신부에게 봉채비*를 제공하고, 다시 신부 쪽에서 예단, 즉 지참금으로 돌려주는 경우도 있었습니다.

그런데 흥미롭게도 동아시아, 지중해, 유럽 사회에는 신부대 대신 지참금 문화가 유독 발달해 있습니다. 무엇 때문일까요? 여러 가설이 있는데, 그중 '노동 가치 모델(labor value model)'이 유력합니다. 이 모델에 따르면, 한국이나 프랑스와 같은 쟁기 경작 사회에서는 비옥한 땅과 농작물을 기르는 노동력의 가치가 높습니다.

이런 환경에서는 신혼 살림을 준비하는 과정에서 남성의 육체적인 노력과 아버지로부터 물려받은 상속 재산이 아주 중요합니다. 남자가 자신의 아버지로부터 물려받은 땅에서 힘겹게 쟁기질하며 농사를 지어야 하기 때문입니다. 자연스럽게 여성과 아이는 남성의 힘과 땅에 의존합니다. 그러므로 더 좋은 조건의 남성에게 시집을 보내려면 딸에게 지참금을 챙겨주어야 합니다. 예전에는 의사나 판사 신랑에게 시집을 보내려면 열쇠 세 개가 있어야 한다는 말이 있었죠. 신부들 간에 경쟁이 발생하고 딸은 아버지에게 상속받을 땅을 지참금으로 바꿔달라고 요구합니다.

반면 남인도나 동남아시아처럼 이모작·삼모작이 가능한 환경

● 혼인 전에 신랑집에서 신붓집으로 채단(치마나 저고릿감으로 쓰는 푸른색과 붉은색의 비단)을 보내는 대신에 건네는 돈.[6]

에서는 남성이 신혼 살림에 기여하는 수준이 상대적으로 낮습니다. 그래서 남성들의 경쟁이 치열해졌고 신랑 집안이 신부대를 지불하고 신부를 데려가는 관습이 발달했죠. 신부대만 있으면 여러 아내를 얻는 것이 어렵지 않습니다. 그 결과 역설적으로 일부다처제가 나타난 것입니다.

그러나 한국이나 서유럽은 일부다처제가 어렵습니다. 겨우 물려받은 좁은 땅, 땀 흘려서 농사를 지어도 겨우 먹고사는 형편에 몇 명의 아내와 수많은 자식을 먹일 도리가 없기 때문이죠. 그래서 일부 부유층을 제외하면 대부분이 일부일처제로 만족합니다. 남성 중심의 경제, 가부장적 생계 전략은 일부일처제로 이어졌습니다.

한때 고액의 혼수 문제로 한국 사회가 시끄러웠던 적이 있습니다. 지금은 많이 좋아졌는데, 혼수 갈등을 해결한 것은 캠페인의 효과가 아니었습니다. 여성의 교육 수준이 높아지면서 여성 스스로 경제적 능력을 가지게 된 결과죠. 남성도 지참금을 받는 것보다는 좋은 직업을 가진 여성과 짝이 되는 편이 더 유리하거든요. 이처럼 일부일처제와 일부다처제, 지참금과 신부대 등의 문화적 현상은 생태적 환경의 결과물이자 진화적 타협의 산물입니다.

외도와 통제

결혼은 인간 사회의 가장 중요한 관습이지만, 모든 결혼이 꼭 행복하게 유지되는 것은 아닙니다. 몰래 바람도 피우고, 혼외자식도 낳고, 이혼도 합니다. 물론 성공적인 결혼 생활을 하는 사람이 훨씬 많지만, 그렇지 않은 경우도 적지 않습니다.

그런데 상대의 외도로 인해 적합도상의 더 큰 손해를 보는 것은 남성과 여성 중 어느 쪽일까요? 남성입니다. 여성은 직접 아이를 낳기 때문에 자기 자식이 누군지 확실하게 알 수 있지만 남성은 내 아이인지 아닌지 100퍼센트 확신할 방법이 없기 때문이죠. 남의 자식에게 소중한 자원을 할애해야 하는 상황에 놓일 수 있는 것입니다.

그래서 남성은 여성의 외도에 대해 더 심하게 분노하는 경향이 있죠. 아내의 외도를 의심하는 의처증과 남편의 외도를 의심하는 의부증 중에서 의처증이 훨씬 많은 것은 그 때문입니다. 남성이 자신의 자식이 아닐 가능성에 대해 더 큰 불안을 느낍니다.

외도를 둘러싼 주된 갈등은 남성과 여성이 장기적인 관계와 단기적인 관계에서 서로 다른 전략을 추구하기 때문에 발생합니다. 장기적인 관계에서 여성은 상대의 성실함과 사회경제적 지위를 중시하는 반면, 남성은 상대의 젊음과 순결을 중요시합니다.

하지만 짧은 만남이라면 이야기가 달라집니다. 여성은 바람둥이 남성과의 짧은 관계를 선호할 수도 있습니다. 남편으로는 실격이지만, 애인으로는 오히려 괜찮다는 것이죠. 남성도 마찬가지입니다. 현모양처감이 아니더라도 많은 여성을 만나는 전략이 진화적으로 유리할 수 있습니다. 물론 도덕적으로는 아닙니다만.

배우자의 외도로 놀란 아내는 외도의 상대를 알고 나서 다시 한번 놀라곤 합니다. 배우자가 엄청나게 매력적인 상대를 만났기 때문에 바람을 피웠을 것이라고 예상하지만, 실제로 보면 영 시시한 상대인 경우가 있기 때문입니다.

도대체 왜 남성은 아내보다도 여러모로 자질이 부족한 여성과 위험천만한 바람을 피우는 것일까요? 단기적 관계에서 적용하는 짝의 기준이, 장기적 관계에서 적용하는 짝의 기준과 다르기 때문입니다. 장기적 관계를 위한 자질에 미달하는 대상이라도 단기적 관계라면 허용하는 경우가 흔합니다.

동물의 세계에도 외도는 아주 흔한 일입니다. 제비(*Hirundo Rustica*)는 짝을 이루고 사는 새인데, 그런데도 약 4분의 1이 바람을 피웁니다. 그래서 짝을 이루는 동물에서는 외도를 막는 여러 행동 전략이 진화했습니다. 수컷은 자신의 짝인 암컷 옆에 꼭 붙어 있으면서 다른 경쟁자 수컷들의 접근을 막습니다. "이 암컷은 내 것이야!"라고 외치는 듯 말이죠. 그런데 암컷이 알을 낳고 포란을 하면 언제 그랬냐는 듯이 수컷은 다른 암컷을 찾아 나섭니다. "이제 아내는 알을 품고 있느라 바람을 피우지 못할 테니, 나는 다른 암컷과의 새로운 임무를 수행하러 간다!"라는 듯이요.[7]

인간 사회에서의 배우자 보호 전략은 다양한 문화적 형태로 발전해 왔습니다. 예를 들어 이슬람 문화권의 여성이 착용하는 히잡, 부르카 등의 베일은 이러한 전략의 상징적인 사례입니다. 베일은 외부 세계로부터 여성을 보호하지만, 동시에 여성에 대한 통제로도 작용합니다. 특히 부르카는 여성의 전신을 완전히 가리는데, 성적 보호인지, 여성에 대한 억압인지 잘 모르겠습니다. 우리나라도 과거에는 여성들이 쓰개치마를 쓰거나 장옷을 머리까지 올려 입고 다녔죠. 결혼식에서 낭만의 상징처럼 인식되는 면사포도 원래는 여성의 얼굴을 가족이 아닌 외간 남자가 처음 본다는 의미였습니다.

심지어 미혼 여성이 집 밖으로 나가지 못하게 하는 관습도 있었습니다. 젊은 여성을 외부와 완전 격리하고 정절이 높은 신붓감이라고 과시하면 더 좋은 집안에 시집갈 수 있었죠. 여성을 향한 다양한 사회문화적 통제는 역설적으로 여성이 더 귀한 자원이기 때문에 벌어지는 적응적 현상입니다. 물론 생물학적 차원에서 말이죠. 그러나 평생 베일을 뒤집어쓰고 다녀야 하거나 외출할 수 없다면 너무 답답한 일일 것입니다. 진화는 종종 행복이나 건강, 정의와는 다른 방향으로 작동합니다.

질투와 이혼

외도를 막는 다양한 사회문화적 제도의 이면에는 상대의 충실함에 관한 불안이 자리합니다. 즉, 우리는 '상대가 나를 배신하고 다른 사람을 좋아하면 어쩌지?' 하는 근원적 불안을 느낍니다. 이러한 감정을 질투라고 합니다. 침팬지처럼 난교제를 하는 동물은 질투가 두드러지지 않습니다. 그러나 인간은 오래도록 사랑하며 협력하여 양육하는 동물입니다. 상대의 변심은 큰 손해를 낳죠.

남성이 느끼는 강력한 질투심을 흔히 '오셀로 증후군'이라고 합니다. 윌리엄 셰익스피어의 비극『오셀로』의 주인공 이름에서 유래했습니다. 이 작품에서 오셀로는 탁월한 능력으로 높은 지위에 오른 흑인 장군으로, 백인인 자신의 아내 데스데모나가 자신을 진정으로 사랑하지 않을 것이라는 불안감에 시달립니다. 이 불안감은 오셀로의 정적이자 부하인 이아고가 고의로 조장합니다. 이아고는 데스데모나가 외도를 하고 있다는 거짓말로 오셀로를 속이죠.

오셀로는 점점 더 질투와 의심에 사로잡히고 분노에 휩싸여 데스데모나를 살해하지만 후에 자신이 믿었던 것들이 거짓임을 깨닫고 괴로움과 죄책감에 시달리다가 자살하죠. 이 이야기는 의처증, 즉 지나친 질투와 의심이 어떻게 파괴적인 결과로 이어질 수 있는지 보여줍니다. 실제로 심한 의처증에 시달리는 남성들이 비슷한 행동을 보이는 경우가 있습니다.

여성의 질투는 남성의 질투와는 다른 양상을 보이기도 합니다. 여성의 질투가 극단적으로 나타나면 '메데이아 증후군'이라는 현상이 나타나기도 합니다. 고대 그리스 비극에서 유래한 것으로, 주인공 메데이아는 남편의 배신에 대한 복수로 자신이 낳은 자식을 모조리 살해하죠. 실제로 파트너의 외도나 배신에 대한 분노, 아이를 어떻게 혼자서 키울 것인지에 관한 절망에 사로잡혀 결국 자신의 아이를 죽이는 어머니 이야기가 뉴스에 나오곤 합니다.

흥미롭게도 적당한 질투는 이러한 비극을 사전에 막아주기도 합니다. 파트너의 경제적 자원이 다른 이의 자식에게 흘러가지 못하게 차단하는 것이죠. 미리 상대의 외도를 감지하고 행동으로 옮기지 못하도록 만드는 심리적 경향입니다.

진화심리학자 데이비드 버스는 남성과 여성의 질투가 내용 면에서 다를 것이라고 생각했습니다. 실제로 남성은 여성의 성적 외도에 더 분노하는 반면, 여성은 남성의 자원이 다른 쪽으로 흘러갈 때 더 분노했죠. 양육 동맹에서 서로에게 기대하는 것이 무엇인지 잘 알 수 있는 대목입니다.

하지만 이런 다양한 대응 전략에도 불구하고 적지 않은 커플이 결국에는 이혼합니다. 인간 사회에서 이혼의 원인은 다양하지만, 남성의 경우 아내의 간통이, 여성의 경우 남편의 폭력이 주된 이유로 꼽힙니다. 상대와 함께 둘의 아이를 낳겠다는 약속, 그리고 양육을 위해 자원을 제공하고 보살피겠다는 약속을 깬 것이죠.

● **토론해 봅시다**

Q1. 결혼하는 이유는 무엇일까?

Q2. 인간 사회의 혼인 제도가 동일하지 않고 다양한 이유는 무엇일까?

Q3. 외도하고 질투하는 이유는 무엇일까?

Q4. 왜 법적 재산 상속 순위에서 배우자가 우선순위를 차지하는 것일까?

3장

애착이 만들어낸 공동체, 가족

이번 장에서는 인간에게 중요한 공동체, 가족을 살펴봅니다. 가족끼리는 왜 서로를 돕고 보호하도록 하는 강한 유대감을 느낄까요? 가족은 과연 생존과 번식에 어떤 도움이 될까요? 이 역시 진화의 결과입니다.

앞서 말한 혼인이라는 관습이 가족을 만드는 데 어떻게 기여했는지, 이런 관습이 왜 생겨났는지, 그리고 가족 구성원 사이에서 갈등이 왜 생기는지도 살펴봅니다. 사회적 동물로서의 인간이 만든 가장 작은 단위의 사회, 바로 가족에 관한 이야기입니다.

정서적 행동 경향, 애착

국립국어원의 표준국어대사전은 애착을 "몹시 사랑하거나 끌리어서 떨어지지 아니함. 또는 그런 마음"이라고 풀이합니다. 심리학에서는 '개체가 친숙하고 가까운 존재에게 보이는 감정적 유대와 근접, 접촉하려는 경향'이라고 설명하죠. 진화적으로 애착은 생존과 번식에 유리한 동물의 정서적 행동 경향입니다.

우리는 종종 유튜브 같은 미디어를 통해 다양한 동물의 애착 행동을 봅니다. 그래서 모든 동물에게 이런 현상이 나타날 것이라고 생각하기 쉽습니다. 하지만 진화 이론의 관점에서 볼 때, 애착 행동은 인간, 일부 포유류, 일부 사회적 조류에게서 주로 나타나는 특징입니다. 특히 인간은 다른 동물과 달리 평생에 걸쳐 다양한 대상에게 애착 행동을 나타냅니다. 어머니와 자식 관계에서 시작하여 가족, 친족, 나아가 사회까지 확장됩니다.

인간은 사회적 존재로서 다른 사람들과의 접촉과 교감을 중요시하며, 문화와 시대, 개인의 관계에 따라 다양한 형태의 애착 행동을 보여줍니다. 전쟁터와 같은 절망적인 상황에서조차 가족과의 연결을 유지하기 위해서 부단히 노력하죠. 현대 사회에서는 통신 기술을 통해 실시간으로 상황을 공유하고 직접 만나서 식사를 하거나 대화를 나누며 관계를 돈독히 합니다. 어른이 되어도, 심지어 죽는 날까지도 가족을 만나고 서로 부둥켜안고 뽀뽀하고 가깝게 지내고 싶어 합니다. 그런데 인간은 왜 이렇게 애착을 좋아하는 동물이 된 것일까요?

애착 이론과 유형

존 볼비(John Bowlby)는 영국의 발달심리학자이자 정신과 의사로, 애착 이론(attachment theory)을 창시한 인물입니다. 그는 어린아이에게는 보호자와 긴밀한 정서적 유대를 형성하고자 하는 내재된 욕구가 있다고 주장했습니다. 어린 시절 부모와의 경험을 바탕으로 인간관계를 형성하고 유지하는 방식, 그리고 이별과 재결합이 영유아의 행동에 미치는 영향을 연구했죠.

볼비는 애착을 인간 상호 간의 '영속적인 심리적 연결'로 설명합니다. 이를 통해 주 보호자로부터 분리될 때 아이들이 경험하는 불안과 고통을 이해하려고 했습니다.[1] 동물행동학의 관찰 방법, 정신분석학의 통찰적 접근, 진화인류학적인 해석을 통합하여 인간성의 본질을 이해하려고 한 통섭적 학자였죠.

볼비는 영국 중산층 가정의 넷째 아이로 태어났습니다. 어릴 적 보모의 손길 아래 자라며 아버지나 어머니와 분리되어 성장했죠. 일곱 살이라는 어린 나이에 기숙학교에 들어가서 지냈습니다. 이러한 모성 박탈의 경험이 그가 한 연구의 바탕이 되었는지도 모릅니다. 그는 대학 시절 한 보육원에서 자원봉사를 하며 비행 청소년에게 관심을 가지게 되었습니다.

1944년에 그는 「44인의 청소년 도둑: 성격 특성과 가정 생활(Forty-four Juvenile Thieves: Their Characters and Home-Life)」이라는 논문을 발표합니다. 그리고 그의 연구를 주목한 여러 학자의 추천을 받아 세계보건기구의 의뢰로 '모성 돌봄과 정신건강

(*Maternal Care and Mental Health*)'이라는 보고서를 펴냈죠. 부모의 따뜻한 돌봄을 받지 못한 아이의 행동 문제를 다뤘습니다.

볼비는 당시 유럽 심리학계의 주요한 두 정신분석 학파, 안나 프로이트(Anna Freud) 학파와 멜라니 클라인(Melanie Klein) 학파의 생각에 도전했습니다. 안나 프로이트 학파는 인간의 '욕동(drive)'이 유아의 성욕에서 유래한다고 생각했고, 클라인 학파는 유아의 식욕을 채우기 위해 어머니의 유방으로부터 제공되는 젖이 중요하다고 생각했죠. 배고플 때 젖을 줄 수 있는 좋은 유방과 젖을 줄 수 없는 나쁜 유방으로 나눈 것입니다.

그러나 볼비가 볼 때, 인간의 욕망은 성욕이나 식욕만으로 설명하기 어려웠습니다. 그래서 자신만의 독창적 이론을 만들었죠. 그는 콘라드 로렌츠(Konrad Lorenz)와 니코 틴버겐(Nicholas Tinbergen)의 동물행동학 연구에서 영감을 받아 인간의 애착 이론을 창안했습니다. 로렌츠와 볼비, 그리고 로렌츠와 틴버겐은 학문뿐 아니라 사적인 삶에서도 깊은 교류를 주고받았죠. 앞서 말한 두 학파 중 어디에도 속하지 않아서 독립 학파로 불렸습니다.

로렌츠는 거위 새끼가 태어나 처음 만난 움직이는 대상에게 강한 애착을 형성한다는 사실을 이미 밝혀냈습니다.[2] 새끼 거위가 어미 거위에게 성욕을 느끼거나 어미 거위가 젖을 주는 것이 아닙니다. 어미와 새끼의 관계는 그 이상의 것이었습니다. 인간의 애착처럼 가까워지고 싶고 살을

영상 4 알에서 태어난 새끼 거위들은 처음으로 만난 움직이는 대상이었던 콘라드 로렌츠를 마치 부모처럼 여기며 졸졸 따라다니는 모습을 보여줍니다.

맞대고 싶은 소망이었죠.

그런데 애착 패턴은 사람마다 조금 다릅니다. 존 볼비의 공동 연구자였던 메리 에인스워스(Mary Ainsworth)는 애착의 종류를 구분하는 기발한 실험을 고안했습니다. '안전 기지(secure base)'와 '낯선 상황(strange situation)' 실험을 통해 아이가 보이는 행동을 관찰했죠.

'안전 기지'는 아이가 안전하고 보호받는다고 느끼는 환경입니다. 아이는 안전한 환경에서 자유롭게 탐색하고, 어려움에 부딪히거나 불안할 때 어머니와 같은 주 양육자, 즉 안전 기지로 돌아와 위안을 받습니다. '낯선 상황'은 아이가 애착 대상으로부터 일시적으로 분리된 상황을 말하죠. 에인스워스는 약속했던 방이 아닌 낯선 장난감 방에서 어머니가 잠시 떠나 있는 상황을 만들고, 아이들이 이러한 분리 경험에 어떻게 반응하는지 관찰했습니다.[3]

에인스워스의 실험에 따르면, 아이는 크게 종류의 애착 행동을 보입니다. '안정 애착' 상태의 아이는 어머니와 함께 있을 때 활발하게 주변을 탐색하며, 어머니와 분리되어도 크게 울지 않습니다. 어머니가 돌아올 때 아이는 어머니를 반가워하고, 어머니와 재결합한 후에는 이전과 같은 탐색 활동으로 쉽게 돌아갑니다.

반면 '불안 회피 불안정 애착' 상태의 아이는 어머니와 재결합했을 때 어머니를 피하거나 무시하는 경향을 보입니다. '불안 저항 불안정 애착' 상태의 아이는 어머니와 분리되었을 때 심하게 울고, 어머니가 돌아왔을 때 화를 내거나 발로 차는 등의 양가감정을 표현합니다. '와해형 애착' 상태의 아이는 부모를 다시 만났을 때 일관성 없고 혼란스러운 행동을 보이며, 어머니로부터 도망치거나 불안해하는 등의 반응을 보입니다.

흥미롭게도 이러한 애착 패턴은 성인기까지 계속됩니다. 애착 심리의 절반은 타고난 본성이고, 절반은 초기 양육 환경에 의한 것으로 보입니다. 언뜻 보면 안정 애착이 가장 좋은 것 같지만, 안정 애착은 전체 인구의 절반에 불과합니다. 나머지는 불안정 애착입니다.[4] 관계가 불안정하고, 늘 불안하고, 걸핏하면 싸움이 나지요. 도대체 왜 불안정 애착이 진화한 것일까요?

안정 애착은 안정적이고 예측 가능한 환경에서 발달하므로, 아이가 보호자로부터 일관된 관심과 보호를 받을 때 형성됩니다. 진화적으로 볼 때, 안정적 환경은 아이가 탐색하고 학습하는 데 이상적인 조건을 제공합니다. 아이가 사회적 상호작용 능력을 발달시키고 위험한 상황을 피할 수 있다는 자신감을 갖도록 하죠.

하지만 우리 선조가 살던 환경이 늘 안정적이었던 것은 아닙니다. 어린 나이에 부모를 잃는 일이 흔했죠. 부모가 있더라도 춥고 배고픈 환경에서 성장해야 하는 경우도 많았습니다. 험난하고 가혹한 환경에서도 여전히 천하태평으로 살아간다면 마음은 편하겠지만 생존할 가능성은 낮을 것입니다. 불안정 애착은 바로 이런 현실에 적응하기 위해 진화했습니다.

불안 회피 불안정 애착은 예측 불가능하거나 거부하는 보호자 행동에 적응한 결과입니다. 보호자로부터 일관되지 않은 반응을 경험하면, 이에 대응하여 독립성과 자기 의존성을 강화하면서 불안정한 환경에서 생존과 자립을 촉진할 수 있는 것이죠. 불안 저항 불안정 애착을 가진 아이는 보호자의 관심을 얻기 위해 과도한 의존성과 극단적인 감정 반응을 보입니다. 이는 불안정하고 변덕스러운 환경에서 보호자의 관심을 끄는 데 도움이 될 수 있습니다. 심지어 와해형 애착도 가끔은 도움이 될 수 있습니다. 극단적인 불안정성과 위험에 직면했을 때 생존을 위한 즉각적이고 과격한 반응을 나타내는 것이죠.

인간에게 강력한 애착의 심리가 나타나는 것, 그리고 네 가지 형태의 애착 패턴이 나타나는 것을 보면 우리 선조가 얼마나 가족끼리 똘똘 뭉쳐서 험난한 환경을 버텨왔는지 짐작할 수 있습니다. 우리는 종종 사랑하는 이를 잃지 않을까 불안해하고, 서운하게 대한 가족에게 화를 버럭 내기도 하고, 고통스러워하기도 합니다. 어머니가 눈앞에 보이지 않을 때 느끼는 그 막막하고 고통스러운 불안과 공포, 그러한 느낌은 평생 반복되며 다른 가족에게 재현되고 심지어 앞으로 가족이 되고 싶은 연인에게도 나타납니다. 그렇게 가까운 가족끼리 정말 지독하게 사랑하면서 삶을 살아내는 것입니다.

피는 물보다 진하다

먼저 친족이 무엇인지 살펴봅시다. 가족은 같은 집에 살지만, 친족은 그렇지 않은데도 우리와 가깝다고 하죠. 무엇을 기준으로 그런 것일까요? 그 기준은 유전자 공유입니다.

친족 관계는 크게 혈족과 인척으로 나눕니다. 혈족은 유전적 연결로 이어지는 가족 구성원을 의미하는데, 할아버지나 외삼촌과 같은 직계 및 방계 친척이 해당됩니다. 반면 인척은 혼인을 통해 맺어진 가족 관계로, 며느리와 사위가 여기에 속합니다. 한편, 입양된 자녀는 법적·문화적으로 혈족으로 인정되기도 합니다.

수백만 년 전 인류와 현대인의 심리는 비슷할까?

존 볼비는 애착 이론과 더불어 진화행동과학에서 중요한 개념인 '진화적 적응 환경(Environment of Evolutionary Adaptedness, EEA)'을 제안했습니다.[5]

EEA는 인류의 진화 과정 중 현대인의 심리적 기전이 형성된 시기를 지칭합니다. 주로 플라이스토세로, 대략 200만 년 전부터 1만 2,000년 전까지의 기간을 포함합니다. 호모속이 나타난 이후 거의 전 기간이죠. 전통적인 진화심리학에서는 이 시기에 형성된 진화된 심리적 기전(Evolved Psychological Mechanism, EPM)이 현재까지 큰 변화 없이 이어지고 있다고 간주합니다.

그러나 이 주장에 반대하는 사람도 있습니다. 인간은 다양한 환경에서 살았으므로 이를 고려할 때 단일한 EEA를 가정하는 것은 한계가 있을 수 있다는 것이죠.

그러나 어머니와 아이가 영유아기에 서로를 안고 공생적 관계를 맺는 심리가 수백만 년 전의 조상이라고 해서 달랐을까요? 이런 심리적 특성은 현대인과 큰 차이가 없었을 것입니다.

대부분의 문화권에서는 주로 부계율*을 중시하며, 이로써 친족 관계를 정의합니다. 다만 이는 가정에서 권력과 재산을 소유하는 사람이 남성인 사회 체계, 즉 가부장제와는 다릅니다. 부계율과 가부장제는 같이 나타나기도 하지만, 아닐 때도 있죠.

왜 부계율과 모계율 중 하나만 따르는 것일까요? 아예 모계율과 부계율을 다 따르면 되지 않을까요? 그런데 부모 양쪽을 모두 포함하면, 단 몇 세대만 지나도 친족의 범위가 너무 커져버립니다. 그래서 다양한 개념이 혼용됩니다.

친족의 범위를 구체적으로 정하는 방법으로 혈통(lineage)과 씨족(clan)이 있습니다. 혈통은 일반적으로 4~5대까지 친족 관계를 추적할 수 있을 때 사용되며, 혈통은 이어지지만 추적이 어려운 경우에는 씨족으로 분류합니다. 혈통은 부모 양쪽 계통의 친족 관계를 파악할 수 있고, 공통 조상을 명확하게 알고 있는 것입니다. 씨족은 주로 한쪽 계통만을 따르므로 부계율이나 모계율 중 하나로 한정됩니다. 그러므로 씨족은 혈통보다는 범위가 넓죠.

● 아버지를 따라가는 계통.

따라서 진화적 측면에서 중요한 친족은 혈통입니다. 조상을 공유함으로써 유전자도 공유하는 관계이기 때문입니다. '친족 선택(kin selection)'이라는 진화적 개념은 우리 몸에 있는 유전자의 공유도에 기반합니다. 개체가 아닌 유전자를 자연선택의 기본 단위로 보는 것으로, 유전자의 관점에서 볼 때 친족 간의 협력과 도움은 유전자를 퍼뜨리는 효과적인 전략이 될 수 있습니다.[6,7,8]

개미는 친족 선택 이론을 잘 보여주는 예입니다. 병정개미와 일개미는 자식을 낳지 못하지만, 자신이 가진 유전자를 공유하는 형제자매를 위해 목숨을 걸고 싸웁니다. 다윈은 유전자를 몰랐기에, 이러한 현상을 진화론의 난제로 여겼죠. 친족 선택 이론은 친족 간의 협력 현상을 성공적으로 설명해 냅니다.

암개미의 염색체 수는 수개미의 두 배인데, 이로 인해 일개미들 사이의 유전자 공유 수준, 즉 근연계수는 75퍼센트에 달합니다. 유성생식은 부모로부터 각각 유전자의 절반을 넘겨받기에 부모와 자녀, 형제자매 사이의 평균 근연계수는 50퍼센트인데, 이에 비해 훨씬 높은 수준이죠. 모두 암컷인 일개미들은 아버지에게 100퍼센트의 유전자를, 어머니로부터는 50퍼센트의 유전자를 전달받기 때문입니다. 따라서 일개미는 자신의 자매를 지키는 것이 유전적으로 자신의 자식을 지키는 것보다 이득입니다. 그래서 개미는 강력한 희생적 집단성을 보여줍니다. 물론 요즘은 이러한 반수배수체 가설에 의문을 표하는 학자도

영상 5 비로부터 여왕개미를 지키는 일개미들. 큰비로 보금자리를 잃으면 뗏목 대형을 이룬 일개미들은 여왕개미와 알을 보호하고 땅에 닿을 때까지 떠다닙니다.

영상 6 포식자가 나타나면 프레리독은 울음소리로 어린 새끼들을 대피시킵니다. 포식자가 차마 피하지 못한 새끼를 물고 사라지면 이상한 소리를 내며 몸을 움직이는데, 아직 그 이유는 밝혀지지 않았습니다.

있지만, 너무 어려우므로 넘어가겠습니다.

설치류의 일종인 프레리독에서 관찰되는 행동도 친족 선택 이론으로 설명할 수 있습니다. 이들 중 일부는 포식자가 나타나면 자신이 노출될 위험을 무릅쓰고 친족들에게 소리를 질러 알립니다.

왜 이런 행동을 하는 것일까요? 프레리독 사회에서는 일반적으로 지배적 암컷과 수컷이 번식을 독점하는 경향이 있습니다. 즉, 번식에 참여하는 개체가 제한적이기 때문에 근연 계수가 상대적으로 높게 유지됩니다. 집단 구성원 대부분이 서로 밀접한 유전적 관계를 지니는 것입니다. 이러한 상황에서 개체 하나가 집단 전체에 경고 신호를 보내는 행동은 유전자의 전파 관점에서 볼 때 집단의 생존에 기여합니다. 주변에 있는 프레리독은 모두 나와 피를 나눈 친족이니까요.[9]

가족 간의 갈등과 불화

하지만 가까운 친족이라고 해서 모두 협력하지는 않습니다. 심지어 부모 자식 관계도 그렇습니다. 대체로 협력적이지만, 때로는 갈등하기도 합니다.

일본 전국시대를 끝내고 에도시대를 연 도쿠가와 이에야스는 세력이 미미하던 시절에 주군인 오다 노부나가에게 자신의 아들이 의심을 받자 아들을 자결케 하고 아내까지 죽였죠. 비정하지만 그는 일본을 통일한 이후에 자식을 많이 낳아서 큰 가문을 이루었습니다. 유전자 관점에서의 직접적합도 수준과 행동을 통해 얻는 간접적합도 모두를, 즉 포괄적합도를 크게 향상시킨 것입니다. 직접적합도는 자신이 직접 번식에 참여하여 얻는 적합도이고, 간접적합도는 친족이 번식하도록 도와서 얻는 적합도입니다.

동물 세계에서도 부모가 자식을 희생시키거나 자식이 부모를 죽이는 경우가 있습니다. 이 현상은 생존이 어려운 상황에서 발생합니다. 생애가 긴 동물은 적합도 향상에 유리하다면 자식을 희생시키기도 합니다. 자식 입장에서도 어려운 상황이라면 부모를 문자 그대로 '먹는' 한이 있더라도 그런 전략을 취할 수 있고요.

인간 사회에서 부모와 자식의 갈등은 양육 중단 시점에서 발생하곤 합니다. 예를 들어 대학생이 된 자녀는 여전히 부모의 지원을 기대하는데 부모는 자녀가 스스로 부양하길 바랄 수 있죠. 이러한 갈등은 부모와 자녀 간의 이해관계 차이에서 비롯됩니다.

자식이 둘 이상일 경우, 갈등은 더 복잡해질 수 있습니다. 부모가 한 자식(A)에게 더 많은 자원을 투자하면, 다른 자식(B)의 생존율이 낮아질 수 있습니다. 부모가 어느 시점에 B에게 자원을 집중하면, 이전에 더 많은 지원을 받았던 A는 부모와 B에게 부정적 감정을 가질 수 있죠. 자원 배분 문제에서 기인한 갈등입니다.

동물의 세계에는 이런 사례가 많습니다. 어린 침팬지가 어머니의 교미를 방해하는 것이죠. 이는 자신에게 돌아올 양육 자원의 분산을 막으려는 본능적인 행동입니다. 또 나즈카얼가니새(Nazca

Booby)는 먼저 부화한 새끼가 동생을 밀어내어 양육 자원을 독점하는 경우가 있습니다. 비정한 형제 살해입니다.

사실 부모와 자식의 갈등은 출생 전부터 일어납니다. 생물학적으로 볼 때 어머니와 태아는 서로 의존하는 관계이지만 이들 사이에서는 복잡한 생물학적 상호작용이 일어납니다.

예를 들어 어머니의 높은 혈당은 태아의 성장에 긍정적 영향을 미칩니다. 태아는 더 많은 영양분을 얻기 위해 어머니의 인슐린 분비를 방해하는 효소를 방출하여 혈당을 올리려 하죠. 어머니의 건강을 희생해서 자신의 이익을 취하려는 것입니다. 이때 어머니는 인슐린 분비를 증가시킵니다. 자기 자신의 건강을 위해 혈당을 낮추려고 하는 것이죠. 이 같은 밀고 당기기 끝에 임신성 당뇨가 발병하기도 하는 것입니다.

반대로 어머니도 태아에게 가혹한 일을 벌일 수 있습니다. 태아의 상당수는 유전적·발달적 문제로 인해 자연 유산됩니다. 이는 장기간의 진화 과정을 통해 형성된 일종의 자연적 필터링 기전입니다. 물론 이런 모자갈등이 의식적으로 일어나는 것은 아닙니다. 자신도 모른 채 자연 유산하는 경우가 대부분입니다. 어머니는 오랜 세월을 거쳐서 최적의 아기를 낳도록 진화했고, 아기는 오랜 세월을 거쳐 어머니의 자원을 최대한 많이 가져가도록 진화했습니다. 둘의 줄다리기는 영겁의 세월 동안 계속되었죠. 강력하게 협력하지만, 종종 갈등하는 관계가 바로 모자 관계입니다.

심지어 태어난 아기를 죽이는 일도 발생합니다. 동물 세계에서는 흔한 일이죠. 수사자가 새끼를 살해하거나, 암컷 새가 다른 암컷이 낳은 알을 깨는 일은 잘 알려져 있습니다. 인간 사회에서도 유사한 현상이 발생합니다. '신데렐라 효과'는 의붓자식이나 입양된 아이에 대한 학대 또는 살해 현상을 말하죠.[10] 친자식보다는 의붓자식이 훨씬 고통을 많이 받습니다. 유전적으로 자식보다 자신의 후손에게 더 많은 자원을 할당하려는 전략입니다.

그러나 치열한 가족 내 갈등을 통해 인류가 진화했다고 해서 앞으로도 그래야 한다는 것은 아닙니다. 앞서 말한 대로 친족 갈등은 자원이 부족한 상황에서 많이 발생합니다. 임신성 당뇨는 충분한 영양 공급이 없는 임신부에게 흔히 나타납니다. 영아 살해는 경제적으로 어려운 10대 임신의 경우에 많이 발생하고요. 도쿠가와 이에야스 역시 멸문지화의 위험에 처하자 어쩔 수 없이 아들을 죽인 것입니다. 상황이 좋다면 극단적 전략을 택할 리 없습니다.

환경이 양호하면 가족은 그 누구보다도 강력하게 협력합니다. 가장 가까운 가족 간의 비극적 갈등을 줄이려면 무엇보다도 경제적 안정과 사회적 평화가 중요합니다. 전쟁도, 기아도, 추위도 없는 환경이라면 어느 집안이나 웃음꽃이 활짝 필 것입니다.

● **토론해 봅시다**

Q1. 애착은 왜 있는 것일까?

Q2. 왜 어린 시절의 경험이 성인이 된 이후까지도 영향을 주는 것일까?

Q3. 가족애는 왜 존재하는 것일까?

Q4. 왜 친족 간 살해가 일어나는 것일까?

Q5. 어린아이를 죽이는 이유는 무엇일까?

4장

사회를 만드는 마음과 문화

진화적 관점에서 사회와 문화를 바라보면, 인간의 마음이 어떻게 사회를 만들어가는지 더 잘 이해할 수 있습니다. 실제로 마음을 구성하는 모듈 중 일부는 특히 사회적 행동과 관련이 깊습니다. 언어 이해, 감정 인식, 집단 내 협력과 같은 것이죠. 이런 모듈은 우리가 사회적 상호작용을 통해 생존하고 번식하는 데 중요한 역할을 합니다.

사회의 진화에 대한 전통적 시각은 인간 사회가 단순한 형태에서 복잡한 형태로 진화했다고 보는 것입니다. 예를 들면 작은 집단에서 대규모 사회로, 단순한 협력에서 복잡한 사회적 규범으로의 전환이 있죠. 현대 사회의 복잡성은 이러한 진화의 결과로 볼 수 있습니다.

문화의 진화에 관해서는 다양한 주장이 있습니다. 성선택이 문화 발전에 중요한 역할을 했다는 주장은 인간의 번식 전략과 문화적 표현 간의 상호작용을 강조합니다. 또한 문화 진화에 대한 여러 모델은 문화가 어떻게 전달되고 변화하는지를 설명합니다.

사회와 문화의 진화에 대한 논의들을 살펴보면 우리를 둘러싼 사회·문화가 어떻게 기능하는지, 그리고 그 안에서 인간은 사회의 일원으로서 어떻게 행동하며 사회를 만들어가는지 이해할 수 있을 겁니다.

타고난 마음, 길러지는 마음

인간의 마음과 그 본질에 관한 이해는 역사적으로 선험주의와 경험주의라는 두 대립적 관점 사이에서 발전해 왔습니다. 선험주의는 인간이 지식과 능력을 갖고 태어난다고 주장하는 반면, 경험주의는 인간의 마음이 경험과 학습을 통해 형성된다고 주장합니다.

고대 그리스의 철학자부터 시작하여 스피노자, 칸트와 같은 후기 사상가까지 많은 학자가 인간의 마음은 타고난다고 믿었습니다. 소크라테스는 지식과 영혼이 전생에서 이해한 보편적 진리를 다시 수집하는 과정에 불과하다고 봤고, 플라톤은 이러한 지식이 타고난 것이며 인간의 마음이 그러한 지식을 활용하여 세계를 이해한다고 생각했죠. 이러한 관점은 마음의 구조와 능력이 선험적으로 결정되며 인간은 이러한 선천적 속성을 바탕으로 세계를 인식하고 반응한다고 봅니다. 이 같은 생득적 사고 또는 합리주의는 경험을 통해 지식이 형성된다는 경험주의와 대조를 이룹니다.

반면 존 로크(John Locke), 조지 버클리(George Berkeley), 데이비드 흄(David Hume) 같은 철학자는 마음이 빈 서판과 같다고 주장하며, 경험과 학습을 통해 마음이 형성된다고 했습니다. 로크에 따르면, 모든 지식과 마음의 구조는 경험을 통해 형성되며 감각을 통한 경험이 인간의 지식과 인식의 근원입니다.

이러한 관점은 플라톤의 선험주의적 견해와 근본적으로 다릅니다. 인간이 태어날 때는 어떠한 지식이나 본능을 미리 가지고 있지 않으며, 모든 지식과 이해는 오로지 경험을 통해서만 발달한다고 생각했습니다. 인간의 마음이 환경, 문화 그리고 교육과 같은 외부 요인에 의해 형성되고 발전한다고 강조합니다.[1,2,3]

진화적 관점에서 보면, 이 두 가지 관점 모두 옳은 면과 틀린 면이 있습니다. 인간은 일정한 본능적 지식과 능력을 가지고 태어나지만, 동시에 경험과 학습을 통해 많은 것을 배우고 발달합니다. 예를 들어 강아지는 태어나자마자 돌과 사료를 구분할 수 있고, 인간 아기는 어머니의 젖을 본능적으로 찾습니다. 선천적 지식이 생존에 필수적이라는 뜻입니다. 반면에 쌍둥이라고 해도 다른 문화적 환경에서 성장한다면, 전혀 다른 사회적·문화적 특성을 보일 수 있습니다. 후천적인 영향도 아주 중요하다는 뜻입니다.

합리주의와 경험주의 사이에서 벌어진 논쟁은 철학의 역사에서 오랫동안 중요한 주제였습니다. 합리주의는 인간이 타고난 지식 구조를 가지고 있다고 보는 반면, 경험주의는 모든 지식이 경험을 통해서 형성된다고 봅니다. 그런데 다윈의 관점은 어떨까요? 그는 절충적 입장을 취합니다. 인간의 뇌가 출생 시 완전히 형태가 없는 조직 덩어리도 아니고, 불멸의 영혼이 영원한 진리를 모으는 것도 아니라고 했죠.

뇌의 구조는 대략 수백만 년에 걸친 영장류 및 호미닌의 진화 과정에서 자연선택에 의해 형성되었습니다. 이는 뇌가 어느 정도는 선천적 구조를 가지고 태어나지만, 동시에 후천적 경험을 통해서 그 구조가 조율되고 조정됨을 의미합니다. 생존과 번식에 유리하기만 하다면 선천적인지 후천적인지는 그렇게 중요한 문제가 아닙니다.

즉, 다윈의 주장은 합리주의와 경험주의 사이의 균형을 찾으려는 시도입니다. 인간의 정신에 대한 더 포괄적이고 통합적인 접근으로 볼 수 있죠.

다윈의 견해를 따른 동물행동학자 아이블 아이베스펠트(Eibl-Eibesfeldt)는 "감각적 데이터로부터 실제 세계를 재구성하는 능력이 세상에 대한 일정한 선험적 지식을 전제로 한다"라고 하면서도, "부분적으로 개인적 경험에 기반하며, 부분적으로는 계통학적 적응의 결과로 내려오는 데이터 처리 기전에 기반한 것"이라고 하면서 절충적이고 통합적인 시각을 강조했죠.[4] 이를 '진화적 인식론'이라고 합니다.[5]

마음의 모듈성

진화적 인식론에서 가장 중요한 개념이 바로 모듈성입니다. 모듈성이란 어떤 개념일까요? 계통적 층위에서의 진화적 인식론은 종의 정신적 회로가 어떻게 진화를 통해 형성되고 뇌 속에서 자리 잡는지를 다룹니다. 개체가 경험을 처리하는 방식이 진화 과정에서 어떻게 발달했는지 설명하는 것입니다. 그런데 인지적 활동을 위해서는 신경학적 구조 내에서 해당하는 기능에 관한 회로, 즉 모듈에 관해 이해해야 합니다.

간단히 말해 뇌의 모듈성은 뇌의 특정 부분이 특정 기능을 수행한다는 개념입니다. 이 이론의 주요한 옹호자인 철학자 제리 포더(Jerry Fodor)는 시각, 청각, 언어, 발화 등과 같은 다양한 지각 및 인지 과정이 전용 모듈 또는 '입력 시스템'에 의해 조직화되어 수행된다고 주장합니다.

모듈은 각각 독립적으로 작용하며, 환경으로부터 특화된 입력 정보를 처리하고 받아들입니다. 이는 모듈이 '영역 특이적'이라는 의미로, 각 모듈이 특정한 유형의 정보만을 처리한다는 것을 나타냅니다. 또한 포더는 모듈이 빠르게 작동하며 기억, 경험, 반추 등 외부 영향에 의해 방해받지 않는다는 것을 강조합니다. 이러한 인간의 지각 체계는 오류를 경험해도 쉽게 조정되지 않는다는 단점이 있지만, 상대적으로 고정된 모듈 구조를 가진 뇌는 위험 또는 위협 상황에서 신속히 반응할 수 있습니다.[6]

이렇게 모듈화된 마음에는 여러 독특한 특징이 있습니다. 첫째,

모듈은 특정한 종류의 정보를 처리하는 데 특화되어 있습니다. 예를 들어 케이크를 먹을 때 활성화되는 쾌락 중추와 같은 특정 부분이 이를 담당합니다. 둘째, 모듈은 다른 마음의 부분으로부터 독립적으로 작동합니다. 즉, 슬픈 감정을 느끼고 있어도 케이크의 맛을 감지하는 미각 부분은 그 영향을 받지 않기에 여전히 케이크를 맛있게 느낄 수 있습니다. 셋째, 모듈은 특별한 상황이 아니라면 자동적으로 반응합니다. 예를 들어 정상적인 상황에서 케이크를 먹으면 맛있다고 느끼는 것이 이에 해당합니다.

넷째, 모듈은 빠르게 작동합니다. 이는 모듈이 다른 부분의 모듈에 의해 방해받지 않기 때문입니다. 다섯째, 정상적인 발달 과정에서 모든 사람들은 이와 같은 모듈을 가집니다. 즉, 대부분의 사람들은 케이크를 맛있다고 느낄 것입니다. 마지막으로, 모듈은 특정한 뇌의 구조와 연결되어 있습니다. 케이크의 맛을 느끼며 행복을 경험하는 구조물은 '변연계'입니다. 이처럼 슬픔과 같은 감정도 특정한 뇌 구조의 활동과 연결됩니다.

그런데 뇌에서 일어나는 수많은 의사 결정들이 모두 확고하게 결정된 모듈에 의해서 좌우될 수 있을까요? 일부에서는 뇌가 자연선택을 통해 특정 기능에만 특화된 모듈로 이루어졌다고 보는 '대량 모듈성 이론(massive modulity theory)'을 주장합니다. 헤아릴 수 없을 정도로 수많은 모듈이 있다는 것이죠.

반면 뇌의 신피질이 발달의 과정과 경험을 통해 형성된다는 주장도 있습니다. 즉, 뇌의 깊은 구조물은 단단한 모듈성을 보이더라도 다양한 사회문화적 의사 결정은 유연하게 환경에 따라 결정된다는 것이죠.

이 두 관점은 서로 상충할 수 있지만, 실제로는 다양한 환경과 상황에 따라 양쪽 모두 성립될 수 있습니다. 예컨대 안정적인 환경에서는 비교적 확고한 인지 체계가 신속한 반응을 가능하게 하여 비용을 절약할 수 있습니다.

이와 반대로 불안정하고 예측 불가능한 환경에서는 학습에 기반한 유연한 인지 시스템이 유리할 수 있습니다. 인간의 뇌는 제약과 가소성*이라는 두 가지 진화적 결과에 의해 형성되었고, 두 속성을 모두 갖고 있습니다. 그렇기에 마음은 타고나는 동시에 길러지는 것입니다.

감정 모듈과 사회성

사회적 동물로서 인간은 정교한 감정 모듈을 가지고 있습니다. 그러나 이러한 모듈은 인간이 인간이 되기 전부터 가지고 있던 것입니다. 그리고 상당히 확고한 모듈입니다. 모든 사람이 다 가지고 있을 뿐만 아니라, 여러 문화에서 공통적으로 나타나며, 심지어 포유류에서는 여러 종에서 공통적으로 관찰되니까요.

● 고체가 외부에서 탄성 한계 이상의 힘을 받아 형태가 바뀐 뒤 그 힘이 없어져도 본래의 모양으로 돌아가지 않는 성질.7 뇌의 가소성은 경험과 학습에 따라 뇌의 구조와 기능이 변화할 수 있는 능력을 말한다.

감정은 다양한 적응적 기능을 가지고 있습니다. 우선, 감정은 자율신경계와 내분비 반응을 조절하고 행동을 동기화합니다. 또한 감정은 비언어적 의사소통의 수단이기도 하며, 감정적 경험은 기억에 영향을 미쳐 사회적 삶에 중요한 역할을 합니다. 예컨대 사랑은 파트너 간의 유대를 강화하고 협력적 양육을 위한 안정적인 기반을 제공합니다. 또한 죄책감은 사람들이 더욱 관대하고 협력적으로 행동하게 만듭니다.[8]

감정은 단순한 몇 가지 범주로 환원할 수 없습니다. 감정은 생리적 반응, 행동 경향, 인지적 판단, 기분 상태 등을 모두 포함하는 진화적 기전입니다. 그렇기에 감정은 상위 인지 프로그램으로서, 타인과의 관계를 주기적으로 재평가하고 재조정합니다. 예를 들어 죄책감은 자원 분배를 재조정하여 호의가 보상받도록 하고 우울감은 가망 없는 행동 전략을 재고하도록 유도합니다. 공포는 즉각적 반응을 준비시키고, 분노는 타인에게 경고를 주며, 질투는 파트너의 충실도에 대한 경고를 발생시킵니다. 그리고 혐오는 위생과 안전에 대한 사회적 학습을 촉진합니다.

흥미로운 연구 사례를 들어보겠습니다. 심리학자 폴 에크먼 (Paul Ekman)은 다양한 문화에서 발견되는 감정 표현의 보편성을 연구했는데, 몇 가지 문제가 있었습니다. 현대인은 대중문화에 의해 형성된 감정과 그 표현에 지나치게 노출되어 있어서 자연스러운 감정 표현을 식별하지 못했습니다. 감정 상태를 다른 언어로 번역할 때 발생하는 오해도 연구 결과 해석을 방해했죠.

그래서 그는 파푸아뉴기니의 포어족을 대상으로 기발한 연구를 진행했습니다. 이 부족은 문자 언어가 없고 석기 시대의 생활 방식을 유지하며 서양 문화의 영향을 거의 받지 않았습니다. 에크먼은 포어족에게 멧돼지로부터 공격받는 상황을 들려주고, 그 상황에 대한 감정을 표현하도록 했습니다. 이후 그 감정 표현을 녹화한 동영상을 미국인에게 보여주었죠. 물론 어떤 상황에서 지은 표정인지는 알려주지 않았습니다. 그러나 얼굴 표정만 봐도 대번에 '두려움'이라는 감정을 읽을 수 있었습니다.[9]

에크먼은 이런 연구를 무려 전 세계 21개국에서 실시했습니다. 그 결과, 모든 문화에서 기쁨, 경악, 분노, 슬픔, 공포, 혐오의 여섯 가지 기본 감정이 공통적으로 나타난다고 결론지었습니다. 즉, 인간의 감정적 삶이 표준적인 발달 프로그램에 의해 좌우된다는 것입니다.[10] 각 문화권에서 일관적으로 나타나는 감정 표현은 자연선택의 결과로 볼 수 있습니다. 심지어 태어날 때부터 시각 장애가 있던 사람도 비슷한 얼굴 표정을 보입니다.[11] 이렇게 보면 감정은 타고난 것처럼 보입니다.

그러나 감정 표현과 감정을 유발하는 자극은 구분해야 합니다. 에크먼의 연구는 기쁨, 경악, 분노, 슬픔, 공포, 혐오와 같은 보편적 감정이 존재한다는 사실을 밝혔지만, 이러한 감정을 유발하는 상황은 개인의 경험, 문화적 가치와 밀접한 관련이 있다고 했습니다. 즉, 감정 표현의 시스템은 범문화적일 수 있지만, 그것을 유발하는 원인은 사회적으로 학습된다는 것입니다.

어떤 학자는 감정 표현이 사회적 행동을 위한 도구로 진화했다고 주장합니다. 행동생태학 이론은 얼굴 표정을 일종의 신호 도구로 보고, 이를 통해 개인이 자신의 내적 상태를 타인에게 전달한다고 봅니다. 즉, 감정 표현은 단지 내적 감정의 불수의적 결과가 아니라, 사회적 지위 표시나 성적 수락, 협력, 자원 공유의 의도를 전달하는 데 사용된다는 것이죠. 따라서 감정과 표정 사이에 일대일 관계가 존재하는 것은 아닙니다. 동일한 감정이 여러 가지 사회적 의도와 관련될 수 있습니다.

사회적 감정

그러면 사회적 상황에 관한 다양한 감정 기능의 사례를 들어볼까요? 인간이 만든 사회, 그리고 사회를 지탱하는 진화적 감정 모듈의 강력한 효과에 관해 알아봅시다.

공포는 인간이 위험한 상황에 효과적으로 대응할 수 있도록 신체를 준비시키는 중요한 감정입니다. 길을 걷다가 갑자기 뱀을 발견했을 때, 공포는 즉각적으로 신체의 반응을 촉발합니다. 심장 박동이 빨라지고, 근육에는 혈류가 증가하며, 뇌는 빠르게 도주 경로를 찾는 데 집중합니다. 이런 물리적 반응은 위험으로부터 벗어나는 데 필수적입니다. 그렇다면 공포는 사회적인 인간과는 무관한 원시적 반응이 아닐까요?

하지만 공포는 때로는 사회적 상황에서 활성화되기도 합니다. 많은 사람 앞에 서서 발표를 하는 상황이 대표적이죠. 공포와 불안은 긴장 수준을 높이면서 수행 능력을 향상시키고 효과적인 대응을 가능하도록 도와줍니다. 물론 너무 심하면 사회 공포증이 될 수 있지만요.

사회 공포증을 겪는 사람은 대중 앞에 서거나 사회적 상호작용을 할 때 심한 불안과 공포를 경험합니다. 대중 앞에서 말하기, 모임에 참석하기, 심지어 다른 사람과 눈을 마주치는 것과 같은 일상적 상황에서도 과도한 두려움을 느끼는 것이죠. 이는 다른 사람에게 부정적으로 평가받을 것이라는 걱정에서 비롯됩니다. 하지만 약간의 공포와 두려움은 사회적 관계를 더욱 성공적으로 이끌어갈 수 있게 도와줍니다.

분노는 사회적 상황에서 다양한 기능들을 수행합니다. 이 감정은 때때로 타인에 대한 경고 혹은 부당하거나 불공정한 행동에 대한 반응으로 나타납니다. 분노가 발생하는 상황은 주로 자신이나 사랑하는 사람이 해를 입었거나 불공정한 대우를 받았을 때입니다. 예를 들어 사람들이 정직하지 않게 행동하거나 약속을 어겼을 때, 분노는 이에 대한 즉각적 반응으로 나타날 수 있습니다. 이런 반응은 타인에게 그들의 행동을 받아들일 수 없음을 분명히 하는 역할을 합니다.

분노는 단기적으로는 갈등이나 대립을 야기할 수 있지만, 장기적으로는 타인의 행동을 조절하고 사회적 규범을 유지하는 데 중요한 역할을 합니다. 예를 들어 부모가 자녀에게 분노를 표현하는 것은 그들의 행동을 교정하고 올바른 방향으로 이끌기 위한 것일 수 있죠. 직장에서 상사가 부하 직원의 실수에 대해 분노를 표출하는 것은 그 실수를 반복하지 않도록 경고하는 방법일 수 있고요.

슬픔과 우울은 사회적 상호작용에서의 복잡한 감정적 경험을 반영합니다. 상실이나 실패와 같은 부정적인 사건을 경험했을 때 느끼는 슬픔은 개인이 현재의 전략이나 상황에 대해 다시 생각해 볼 기회를 제공할 수 있습니다. 현재의 행동이나 목표가 더 이상 유용하지 않다는 것을 깨닫고, 새로운 방향을 모색하도록 유도하는 것입니다. 또한 슬픔은 타인에게 지지와 도움을 요청하는 신호로 작용할 수 있습니다. 이는 주변 사람에게 개인이 겪고 있는 어려움을 알리고, 필요한 지원을 받을 수 있는 기회를 제공합니다.

질투 역시 관계에 중요한 역할을 합니다. 예를 들어 파트너의 불충실함에 대한 징후를 발견했을 때 느끼는 질투는 파트너에게 불만을 표현하고 관계의 문제 해결을 시도하게 합니다. 그러나 관계가 회복 불가능하다고 판단될 때 질투는 새로운 관계를 찾거나 기존 관계를 종료하는 결정을 내리도록 도와줄 수도 있습니다.

혐오는 인간이 먹을 수 없거나 해로운 것에 대해 자연스럽게 느끼는 감정으로, 개인의 건강과 안전을 유지하는 데 중요한 역할을 합니다. 인간은 부모로부터 어떤 음식이나 물질이 위험하거나 먹을 수 없는지 배우며, 이러한 학습은 개인이 위생적이고 안전한 환경에서 생활하도록 합니다. 예를 들어 오염된 음식이나 유해한 물질에 대한 혐오감은 그 물질을 피하게 함으로써 개인의 건강을 지킬 수 있게 해줍니다.[12]

성적 혐오 역시 중요한 사회적 기능을 합니다. 근친상간에 대한 혐오감은 유전적 다양성을 유지하고 유전병의 위험을 감소시키는 데 기여합니다. 이러한 혐오감은 개인이 생물학적으로 건강한 번식 파트너를 선택하는 데 도움을 주며 사회적으로도 근친상 간의 위험을 줄여줍니다.

죄책감은 개인이 부당하거나 타인에게 해를 끼치는 행동을 했을 때 발생하는 감정적 반응으로, 사회적 상호작용에서 중요한 조절 역할을 합니다. 자신의 행동을 되돌아보고, 그 결과 타인에 대한 책임감을 느끼게 하죠. 예를 들어 친구와의 다툼에서 지나치게 공격적이었던 것을 깨닫고 죄책감을 느낀 사람은 그 친구에게 사과하고 관계를 회복하려는 노력을 할 수 있습니다.

죄책감을 경험한 사람은 더 협력적이고 이타적인 행동을 보일 가능성이 높아집니다. 여기서 더 나아가서, 죄책감은 집단 내의 규범과 가치를 유지하는 데 중요한 역할을 합니다. 개인이 이러한 규범과 가치를 내면화하고, 이를 존중하며 행동하도록 유도하는 것이죠.

사랑은 인간 관계의 근간을 이루며, 특히 가족 간의 결속과 양육의 과정에서 중요한 역할을 합니다. 가족 간의 사랑은 서로를 돌보고 지원하는 강력한 유대를 형성하며, 이는 개인의 안정감과 사회적 지지망을 강화합니다. 예를 들어 부모와 자녀 간의 사랑은 자녀가 신체적·정서적으로 건강하게 성장하는 데 필수적입니다.

또한 낭만적 사랑은 파트너 간의 강한 유대를 만들어내며, 이는 장기적 관계 유지와 번식에 도움을 줍니다. 안정적 파트너십은 공동 양육, 자원 공유, 감정적 지원 등에 중요한 역할을 하며, 이는 생존과 번식의 성공에 기여합니다.

마음 읽기와 사회의 형성

타인의 감정을 제대로 읽지 못한다면 사회적 관계를 만들 수도, 서로에게 이득이 되는 협력을 할 수도, 여러 사람으로 구성된 공동체를 유지할 수도 없습니다. 우리는 어떻게 타인의 말이나 표정, 행동을 보고, 그 사람의 마음속을 읽어낼 수 있는 것일까요?

인간은 다양한 신경학적 기전을 통해 타인의 감정을 읽고 이해하는 능력을 가지고 있습니다. 이 과정에서 뇌섬엽*이 중요한 역할을 합니다. 뇌섬엽의 전방 감정 섹터는 후각 중추 및 미각 중추로부터 정보를 받아들입니다. 감정을 조절하고 분노와 불안 반응을 촉발시키는 편도핵과도 연결되어 있어 감정 처리에 중요하죠. 뇌섬엽의 후방 다중 섹터는 감정 정보와 항상성에 관련된 내부 감각 신호를 처리하는 데 관여하고요.

뇌섬엽은 타인의 감정, 특히 혐오감을 관찰할 때 활성화되는 경향이 있습니다. 이는 타인의 감정을 인식하는 것을 넘어서, 그 감정의 원인과 맥락을 이해할 수 있다는 의미입니다. 예를 들어 타인이 혐오감을 표현할 때 우리는 그들이 무엇에 대해 혐오감을 느끼는지, 그리고 그 원인이 무엇인지를 이해할 수 있습니다.

인간은 감정을 읽을 뿐 아니라, 말과 행동의 숨은 의도를 판단

● 대뇌 반구에서 가쪽 고랑 깊은 곳에 묻혀 있는 대뇌 겉질의 부분. 발생할 때는 대뇌의 표면을 이루지만, 이마엽, 관자엽, 마루엽이 빠르게 자라서 이곳을 덮는다.[13]

할 수 있습니다. 앞서 말했듯이 이러한 마음 읽기 능력을 흔히 마음 이론이라고 합니다. 이 능력은 내측 측두엽 안쪽에 위치한 특정 뇌 부위를 통해 가능해집니다. 우리는 타인의 표정, 말투, 행동을 관찰하고 분석하여 그들의 감정 상태나 생각을 추론합니다. 이러한 능력은 복잡한 사회적 상황에서 타인의 행동을 이해하고 예측하는 데 중요한 역할을 합니다.

인간의 사회적 인지 능력은 놀라울 정도로 발달되어 있습니다. 다른 사람의 생각과 감정, 의도를 다차원적으로 이해하고, 이를 기반으로 그들의 행동을 예측할 수 있습니다. 이는 타인과의 복잡한 상호작용을 이해하고 관계를 유지하며 사회적 상황에서 효과적으로 행동하는 데 필수적입니다. 마음 이론 모듈은 몇 가지 하위 모듈로 구성됩니다.[14]

첫째, 의도성 탐지기입니다. 이 모듈은 타인의 행동 뒤에 있는 의도를 파악하는 데 도움을 줍니다. 예를 들어 누군가가 물건을 향해 손을 뻗는 것을 보면, 그 사람이 그 물건을 원하거나 필요로 한다고 추론할 수 있습니다. 의도성 탐지기는 타인의 행동에서 의도와 목적을 읽어내는 데 중점을 둡니다.

둘째, 눈 방향 탐지기입니다. 타인이 어디를 보고 있는지 감지하고, 그 시선의 방향을 해석합니다. 예를 들어 누군가가 특정 방향을 응시하면, 우리는 그들이 그 방향에 있는 무언가에 관심을 가지고 있을 가능성이 있다고 추론합니다.

셋째, 공유 주의 집중 기전입니다. 이는 타인과 함께 관심을 공유할 때 활성화됩니다. 예를 들어 누군가가 특정 물체를 가리키거나 언급할 때, 우리는 그 물체에 주의를 기울입니다. 이 기전은 공동의 관심사를 바탕으로 소통과 협력을 가능하게 합니다.

우리는 마음 이론 모듈을 통해 사람마다 서로 다른 입장과 태도, 진실이 존재한다는 사실을 이해할 수 있습니다. 즉, '무엇이 사실이다'라는 수준에서 나아가, '누구에게는 무엇이 사실이고, 다른 누구에게는 다른 무엇이 사실이다'라는 수준으로 발전하는 것이죠. 이를 '메타 표상'이라고 합니다. 이러한 능력은 복잡한 사회적 상황에서 타인의 행동, 믿음, 의도를 해석하고 예측하는 데 매우 중요합니다. 예를 들어 친구가 무언가를 간절히 원한다고 믿을 때, 그들의 행동을 그 믿음에 기반하여 해석하고 그에 따라 반응할 수 있습니다. 비록 자신은 그 친구와 다른 생각을 하고 있더라도 말입니다.

화려한 문화는 구애를 위한 것일까?

그런데 사회문화적 진화를 곰곰이 생각해 보면 좀 이상합니다. 세상에는 생존에 필요하지 않아 보이거나, 오히려 짐이 될 수도 있을 만큼 아름답고 화려한 문화가 너무 많기 때문입니다. 미켈란젤로의 그림과 조각, 아이작 뉴턴의 과학적 성취, 비틀즈의 감성 어린 음악, 추사 김정희의 살아 움직이는 듯한 글씨를 보면, 과연 이러한 문화가 어떻게 진화할 수 있었는지 의아합니다.

앞서 성선택은 한 성이 자신의 번식 성공을 높이기 위해 다른 성의 배우자를 선택하고 같은 성의 개체와 경쟁하는 현상이라고 설명했습니다. 힘, 크기, 민첩성, 공격성 등으로 경쟁자를 제압하고 아름다운 뿔과 꼬리, 구애 선물 등으로 짝을 유혹하는 것이죠.

비인간 동물과는 달리, 인간의 성적 선택은 더 복잡하게 나타납니다. 호미닌 뇌의 진화, 특히 사회적 지능을 담당하는 부분에서 성적 선택이 일정한 역할을 한 것으로 추정됩니다. 즉, 인간의 거대한 뇌와 높은 수준의 지능은 사회적 환경에서 짝에게 구애하고 경쟁자들과 싸우려는 목적으로 진화했다는 것이죠.

사실 인간의 뇌는 생존을 위한 것이라고 하기에는 너무 큽니다. 그리고 비틀즈의 감성은 생존에 전혀 필요하지 않죠. 어쩌면 불필요한 수준의 인지적 장식입니다. 정말 인간 사회의 다양한 문화는 공작의 꼬리처럼 성선택에 의한 것일까요?

진화심리학자 제프리 밀러(Jeffrey Miller)는 유머, 음악, 시각 예술, 이타주의, 언어 창의성과 같은 인간 행동이 생존 혜택과는 직접적인 관련이 없더라도 성선택을 통해 역할을 할 수 있다고 주장합니다. 이러한 특성은 구애를 위한 적응으로 선택됩니다. 인류 문화가 창조적 특성에 대한 성선택을 통해 발달했다는 것이죠. 호미닌의 뇌 크기는 호모 에렉투스로 진화하면서 한 번, 호모 사피엔스로 진화하면서 한 번, 총 두 차례에 걸쳐 급격히 증가했습니다. 이는 매우 빠르게 그 형질이 줄달음선택되었다는 뜻입니다.[15]

밀러는 인간이 가진 어휘 능력을 예로 들어 설명합니다. 우리는 일상 생활에서 필요한 것보다 훨씬 더 많은 단어를 알고 있습니다. 밀러는 이러한 어휘 능력이 단순히 정보 전달을 위한 것이 아니라, 자신의 지능과 매력을 잠재적 배우자에게 보여주기 위한 수단으로 발달했을 수 있다고 주장합니다. 즉, 어휘 능력은 성적 매력을 높이는 '장식물'로 작용할 수 있다는 것입니다.

문화 진화의 여러 모델

문화 진화에 관한 성선택 이론은 흥미롭지만, 인간 문화의 일부분만 설명할 수 있습니다. 분명 예술적 능력이나 문화적 상징 중 일부는 생존에 절실하지 않은 것 같습니다. 그러나 대부분의 사회적 관습이나 문화적 의례는 생존에 유리한 방향으로 기능합니다. 그러면 문화 진화에 관한 몇몇 모델을 자세하게 살펴보겠습니다.

① 문화의 자율적 진화 이론

첫째, 문화의 자율적 진화 모델은 인간 문화가 생물학적 진화와는 별개로 발전한다는 관점입니다. 이 모델의 주요 근거는 수만 년 이상 유전적 변화가 거의 없었음에도 불구하고 문화는 엄청난 변화와 발전을 경험했다는 것이죠. 이는 문화적 변이가 유전적 변이의 속도를 훨씬 뛰어넘는다는 것을 의미합니다.

그렇기에 이 모델은 문화가 자체적인 발전 법칙을 가지고 있으며, 이를 인문학과 사회과학을 통해 이해하는 것이 적합하다고 주장합니다. 즉, 문화가 인간 본성과 행동에 가장 큰 영향을 미치며 환경과 양육이 중요하다고 보는 것입니다. 프랑스의 사회학자 에

밀 뒤르켐(Emile Durkheim)의 주장처럼 "사회적 사실은 다른 사회적 사실을 통해서만 설명될 수 있다"[16]라는 말로 요약할 수 있습니다.

하지만 자율적 진화가 가능한지 의문스럽습니다. 문화는 인간 마음에 담기고 마음, 즉 뇌는 생물학적 진화의 결과입니다. 따라서 복잡한 문화는 인간만이 가질 수 있습니다. 생물학적 능력에 따라 각 개체가 담을 수 있는 문화적 능력도 다르죠. 그러니 문화 스스로 진화한다는 주장은 최초의 문화가 어떻게 나타났는지, 그리고 그런 문화를 담는 그릇이 왜 생겨났는지 설명할 수 없습니다.

② 밈 이론

밈(meme)으로 문화 진화를 설명하는 모델도 있습니다. 밈은 모방 가능한 사회적 단위를 말하는데, 문화가 밈의 자연선택을 통해 진화한다는 모델은 매우 혁신적인 아이디어입니다. '생각'이 다원적인 방식으로 진화한다는 주장은 다윈 진화의 세 가지 조건, 즉 변이와 유전, 상이한 적합도의 조건만 성립하면 유전자가 아닌 생각도 진화할 수 있다는 것이죠.[17]

생각은 자기 복제가 가능합니다. 생각은 다른 사람에게 말함으로써 전달되며, 말로 옮길 때마다 그 내용이 조금씩 달라지는 변이가 발생합니다. 이러한 변이에 따라 생존력이 달라지며 이것이 문화적 진화의 기초가 되는 것입니다. 실제로도 일부 컴퓨터 바이러스는 이런 방식으로 진화합니다. 잘 전파되고 적합한 생각은 인간 사회에 널리 퍼져 문화가 됩니다.

그러면 다른 동물은 왜 문화를 만들지 못했을까요? 생각을 담아두는 뇌, 생각을 전달하는 언어, 생각에 따라 나타나는 생존 가능성의 차이가 동물이 처한 생태적 환경에서 그다지 두드러지지 않았기 때문입니다.

물리적 도구도 역시 밈으로 볼 수 있습니다. 예를 들어 잘 만든 도구나 주먹도끼는 모방과 확산을 통해 진화했을 수 있죠. 또한 인간은 상대방의 가치관이나 생각, 즉 밈을 중요하게 여깁니다. 따라서 밈은 성선택이나 사회적 선택을 통해 진화할 수 있습니다. 마음에 드는 밈은 그 자체로 전파될 뿐만 아니라, 밈을 가진 사람 자체도 적합도가 높아지고 더 좋은 짝을 만난다는 것입니다. 심지어 종교도 하나의 밈 복합체로 볼 수 있습니다. 교리, 의례, 상징 등이 서로 연결되어 개인과 종교 전체의 성장을 돕기 때문입니다.

밈 이론은 아주 흥미로운 주장이지만, 아직 학문적으로 완전히 검증되지는 않았습니다. 이 이론의 가장 큰 비판점은 DNA와는 달리 밈에는 명확한 경계가 없다는 것입니다. 이는 자연선택이라는 과정을 통한 밈의 진화를 설명하기 어렵게 만듭니다. DNA는 아데닌(Adenine, A), 구아닌(Guanine, G), 시토신(Cytosine, C), 티민(Thymine, T)이라는 명확한 코드를 가지고 있어, 이를 통해 유전 정보가 전달되고 변화합니다. 그러나 밈은 이런 종류의 보편적 언어 체계를 갖추고 있지 않습니다.

또한 밈은 인간의 의도나 목적에 따라 복제되는 경향이 있습니다. 예를 들어 특정한 이념이나 문화적 관습은 사람들이 의도적으로 선택하고 전파하기 때문에 진화한다고 볼 수 있습니다. 유전적 진화와는 상당히 다릅니다. 그리고 수평적인 전파가 가능하기 때문에 진화론보다는 감염 역학으로 더 잘 설명될 수 있습니다. 아직은 연구가 더 필요한 이론입니다.

③ 이중 유전 이론

세 번째 모델은 이중 유전 이론입니다. 이중 유전 이론은 유전적 선택(자연선택 또는 성선택)과 문화적 선택이 동시에 작용한다는 개념에 기반하고 있습니다. 이 이론의 핵심은 인류의 초기 조상인 호미닌이 맞닥뜨린 급격한 환경 변화에 대응하는 과정에서 보여준 독특한 적응 방식입니다.

인류는 재난에 가까운 환경 변화에 맞춰 신체적 진화를 달성하지는 못했지만, 역설적으로 문화의 심리적 기초를 발달시키는 데는 성공했죠. 집단과 세대를 넘어 지식과 생각을 전달하는 수단을 가지게 된 것입니다.

이중 유전 이론의 몇 가지 개념을 볼까요? 일단 모방과 사회적 학습은 문화적 지식과 행동이 사람들 사이에서 어떻게 빠르고 효율적으로 이동하고 전달되는지를 보여줍니다. 시행착오를 거치면서 환경 변화에 대응하는 것은 비효율적이며, 전통을 학습하거나 남이 하는 것을 모방하는 것이 더 효율적이죠. 지역의 전통, 집단 내에서 만연한 행동 양식은 그 지역의 환경, 자원, 기후 조건에 적합하게 조율되고 최적화된 문화적 행동이라고 할 수 있습니다.[18]

이중 유전 이론은 적합도가 낮은 문화, 즉 일시적 유행이 나타나는 이유도 설명할 수 있습니다. 유행은 빠른 속도로 전파되면

짧은 기간에 집단에 만연할 수 있습니다. 모방은 그 행동의 이득과 손해를 곰곰이 따진 후에 행하는 것이 아니기 때문입니다. 나팔바지 다음에 붙는 바지가 유행하고, 줄무늬 치마 다음에 물방울 무늬 치마가 유행하는 것은 적합도로 설명하기 어려운 일이죠.

이중 유전 이론은 긴 청소년기가 나타난 이유도 잘 설명해 줍니다. 청소년기는 세상의 여러 지식을 빠른 속도로 흡수하기도 하지만 무분별하게 모방하는 시기이기도 합니다. 그래서 세계 어느 문화에서나 청소년을 특별히 보호하고, 청소년들에게 잘 만들어진 교육 시스템을 적용하고 있죠. 청소년기 자체가 그 지역의 환경, 자원, 기후 조건에 적합하게 최적화된 것이고, 그 길이 역시 적응의 결과라는 뜻이죠.

④ 유전자-문화 공진화 이론

이중 유전 이론과 비슷한 유전자-문화 공진화 이론이 있습니다. 생물학적 선택과 문화적 선택이 서로 독립적으로 작용하는 것이 아니라 서로 영향을 주고받으면서 함께 진화한다는 주장입니다. 특히 문화적 변화가 유전적 구속에서 벗어나 독립적으로 발전할 수 있지만, 적합도에 큰 영향을 미칠 경우 다시 유전적 선택의 영역으로 돌아온다고 설명합니다.

예를 들어 아프리카의 일부 지역에서는 얌을 주식으로 하는 문화가 있습니다. 얌을 재배할 때 원시림을 벌목하고 땅을 파야 하는데, 이로 인해 물웅덩이가 생깁니다. 물웅덩이는 말라리아 모기가 번식하기 좋은 환경을 제공하며, 말라리아에 대한 강한 선택압이 작용합니다. 말라리아는 치명적인 질병이기 때문이죠.

그런데 뜻밖에도 낫 모양의 적혈구를 가진 사람들이 나타납니다. 11번 염색체의 변이에 의한 낫 모양 적혈구는 말라리아 원충에 감염되면 쉽게 깨지면서 원충을 함께 죽입니다. 따라서 평소에는 빈혈을 일으키는 질병이지만, 얌을 먹는 문화에서는 말라리아에 대한 저항력을 제공하는 유익한 변이죠. 얌을 먹는 식문화와 낫 모양 적혈구라는 유전자 변이가 공진화한 것입니다.[19]

유전자-문화 공진화 이론은 이중 유전 이론과 비슷해 보이지만, 중요한 차이가 있습니다. 이중 유전 이론은 유전적 선택과 문화적 선택이 서로 다른 경로를 따라 독립적으로 작용한다고 보는 반면, 유전자-문화 공진화 이론은 두 요소가 긴밀하게 연결되어 있으며 상호 영향을 주고받으며 함께 진화한다고 주장합니다.

⑤ 확장된 표현형 이론

문화적 현상이 생물학적 진화에 영향을 미치는 중요한 방법이라는 이론입니다. 이 이론에 따르면, 문화는 유전자에 의해 직접적으로 지정되지 않지만 문화적 규범을 형성하는 발달적 과정과 문화적 형태가 유전적 생존 가치를 전달합니다. 즉, 문화는 인간의 생물학적 적응을 돕는 수단으로 진화했다는 것입니다.[20]

근친상간을 터부시하는 관습과 특정 음식을 금지하는 종교적 금기는 이러한 문화적 진화의 예입니다. 이러한 문화적 규범은 유전적 적합도를 높이는 방향으로 형성되었을 가능성이 높습니다. 예를 들어 근친상간 금지는 유전적 다양성을 증가시키고 유전병의 확산을 방지하는 역할을 할 수 있습니다. 마찬가지로 특정 음식을 금지하는 종교적 금기는 해당 지역의 환경적 조건이나 건강에 미치는 영향을 고려하여 발전했을 수 있죠.

또한 발리 사람은 쌀의 여신인 '데위 스리'를 숭배합니다. 이러한 여신 숭배는 전통적인 농업 주기와 연결되어 있으며, 벼 생산량을 최적화하는 데 기여합니다. 즉, 전통 신앙이 이슬람의 규범에도 불구하고 유지되는 것은 이 신앙이 지역 사회의 생존과 번영에 중요한 역할을 하기 때문입니다. 문화적 현상이 사회적이거나 종교적인 의미만 가지는 것이 아니라, 생물학적 적응의 관점에서도 중요한 역할을 할 수 있다는 것이죠.

● **토론해 봅시다**

Q1. 인간에게 감정이 필요한 이유는 무엇일까?

Q2. 문화는 왜 존재하는 것일까?

Q3. 문화 간에 비슷한 요소들이 존재하는 건 왜일까?

Q4. 사회는 진화한다고 할 수 있을까?

Q5. 사회가 변화하는 이유와 그 원동력은 무엇일까?

5장

도덕과 종교

이번 장에서는 윤리, 도덕, 범죄 및 종교가 어떻게 발달하고 진화했는지에 대해 이야기합니다. 윤리와 도덕의 기원을 탐색하면서, 인간이 사회적 존재로서 어떻게 상호작용하고, 규범을 설정하며, 집단 내 협력과 갈등을 관리하는지를 다룹니다. 특히 도덕적 판단을 진화적으로 어떻게 설명할 수 있는지, 범죄 행동은 진화적 차원에서 어떻게 해석할 수 있는지도 살펴보겠습니다.

종교의 진화에 관한 여러 주장도 살펴봅니다. 인간은 왜 종교적 신념을 가지도록 진화했을까요? 다양한 종교적 의례는 어떻게 나타난 걸까요?

종교는 개인적 위안을 제공하는 수단이기도 하고 사회를 결속시키는 힘이기도 합니다. 그러나 한 사회에서 여러 종교가 존재할 경우에는 치열한 갈등이 벌어지기도 하죠. 다양한 문화, 다양한 윤리, 다양한 도덕, 다양한 종교가 존재하는 세상. 바로 우리가 살아가는 인류 사회를 살펴봅시다.

공항의 도덕, 목욕탕의 도덕

공항은 절도 범죄가 많이 일어나는 곳입니다. 경찰이 늘 감시하고 있지만 절도 사건이 일어날 가능성이 높습니다. 버스터미널, 지하철 플랫폼, 선착장, 영화관이나 공연장 등도 범죄가 많이 일어나는 곳이죠. 그래서 경비원과 경찰이 많고 CCTV도 흔합니다.

반면에 목욕탕은 어떨까요? 처음 보는 사람이 등을 밀어주기도 하고, 사우나에서 서로 이야기를 나누면서 마치 친한 사람처럼 굴기도 합니다. 범죄와는 먼 느낌이죠. 왜 그럴까요?

인간은 본능적으로 협력과 호혜성을 발달시키는 마음의 모듈을 갖고 태어납니다. 이를 통해 뒤에서 설명할 해밀턴의 법칙에 따라서 각자 큰 적응적 이익을 얻습니다. 이러한 마음의 모듈은 주로 가족과 친족 단위에서 형성되었습니다. 그런데 특정 조건이 충족되면, 이러한 협력과 호혜성이 비친족 사이에서도 발생할 수 있습니다. 해밀턴의 법칙이 좀처럼 적용될 수 없는 남인데도 말이죠.

진정한 이타적 행동은 사실 진화할 수 없습니다. 남을 위해 자신의 손해를 감수한다면 언젠가 돌려받을 것을 기대하기 때문입니다. 동물도 이런 상리공생을 통해 이득을 얻습니다. 개미와 진덧물의 공생에 대해서는 잘 알고 있을 겁니다. 그런데 인간은 즉각적인 상리공생뿐 아니라 지연 시간 상리공생도 할 수 있습니다. 즉, 무엇인가를 베풀 때와 베푼 것을 돌려받는 때의 시간적 간격이 제법 떨어져 있을 수 있죠. 그러니 잠깐 보면 이것이 이타적 행동처럼 보일 수 있습니다.

각자의 얼굴을 정확하게 기억하고 다시 만날 가능성이 높고 주고받은 도움의 상대적 가치를 계산할 수 있다면, 장기적인 협력 관계가 진화할 수 있습니다. 높은 수준의 인지적 능력이 있고, 수명도 길며(다시 만날 가능성이 있어야 하므로), 집단을 이루고 사는 종에서 흔히 이러한 지연 시간 상리공생이 일어납니다. 주고받은 도움의 상대적 가치가 서로에게 큰 차이가 나는 상황이라면 좀더 강력한 협력이 일어날 수 있고요.

예를 들어 작년에 매머드 사냥을 한 뒤에 기꺼이 고기를 나눠준 철수가 있습니다. 영희는 덕분에 맛있는 바비큐 파티를 할 수 있었죠. 1년이 지났지만 같은 부족에 살고 있으니 자주 만나므로 기억하고 있습니다. 게다가 철수와 영희는 고작 20대입니다. 앞으로 수십 년은 계속해서 만날 것입니다. 영희는 올해 사과를 아주 많이 채집했습니다. 어차피 그냥 두면 썩을 테니, 철수에게 한 광주리 가져다줍니다. 철수와 영희는 피 한 방울 섞이지 않은 남남이지만, 이타적 행동을 통해 서로 큰 이익을 얻었습니다. 이처럼 인간 사회의 이타적 행동은 긴 생애사에 기반한, 상호 교류의 대차대조표에 근거한 협력적인 행동입니다.

목욕탕에서 등을 밀어주는 이유도 똑같습니다. 다들 벌거벗고

이타적 행동의 이유를 설명한 해밀턴의 법칙

영국의 진화생물학자인 윌리엄 해밀턴(William Hamilton)은 자연선택의 논리 안에서 이타적 행동의 진화를 설명하기 위해 다음의 법칙을 제시했습니다. 해밀턴의 법칙(Hamilton's rule)은 유전자를 공유하고 있는 혈연에 대한 이타적 행동을 설명하기에, '친족 선택'이라고도 불립니다. 해밀턴은 다음과 같은 간단한 수식으로 이타적 행동이 일어날 수 있는 조건을 정식화했습니다.

- 비용(cost, C): 개체가 자신의 이타적 행동을 위해 치르는 비용
- 이득(benefit, B): 이타적 행동의 대상이 수혜를 받는 혜택
- 근연계수(the coefficient of relatedness, r): 이타적 행동에 따른 보상을 받는 개체와 이타적 행동을 수행하는 개체 사이의 유전적인 거리

$$rB > C$$

따라서 동물들은 위의 조건을 만족하면 이타적인 행동을 할 수 있습니다. 즉, 이타적 행동으로 인해 개체가 치르는 비용보다 이타적 행동을 통해 이익을 수혜받은 대상이 얻는 이익과 그 대상과의 유전적 거리를 곱한 값이 크다면, 이타적 행동이 진화할 수 있는 것입니다.

있으니 도망갈 수 없고, 등을 밀어주면 매우 높은 확률로 되돌려받을 것이기 때문입니다. 그러나 공항은 아닙니다. 상대는 곧 비행기를 타고 떠날 승객입니다. 물건을 훔쳐도 발각되지 않으면 다시 물건을 찾겠다고 돌아올 리 없죠. 이렇듯 협력을 만드는 가장 강력한 힘은 재회의 가능성입니다.

죄수의 딜레마와 팃포탯

그런데 이러한 협력도 서로에게 이득이 되어야만 일어날 수 있습니다. 만약에 철수가 병이 들어서 사냥을 못 하게 된다면 어떨까요? 영희는 철수보단 건강한 민수에게 사과를 주는 쪽을 택할 것입니다. 은혜를 갚는 것도 중요하지만 나중에 사냥감을 돌려받는 것이 더 중요하니까요.

동물의 협력은 즉각적으로 일어나기 때문에 그다지 고민할 필요가 없습니다. 상대가 되갚지 않으면 바로 협력이 중단됩니다. 그러나 인간의 협력은 긴 시간에 걸쳐 일어나기 때문에 다양한 기만적 전략이 나타날 수 있습니다. 인간이 언어를 사용하는 동물이고 거짓말을 자유자재로 할 수 있도록 진화했기에 가능한 일이죠.

'게임 이론'은 협력적 거래를 둘러싼 다양한 전략을 분석하는 이론적 틀을 말합니다. 수학과 경제학에서 발전한 이론으로, 상호의존적 결정을 내리는 개체 간의 전략적 상호작용을 연구합니다.

게임 이론의 대표적 사례가 '죄수의 딜레마'입니다. 이는 폭행

혐의로 체포된 A와 B가 서로 다른 방에서 취조를 받는데, 자백 여부에 따라 다른 결과를 맞이하는 상황을 설명합니다. 한 명이 자백하고 다른 한 명은 입을 다물었을 때, 자백한 사람은 풀려나고 입을 다문 사람은 3년 형에 처합니다. 두 사람 모두 자백하면 각각 2년 형을 받고, 아무도 자백하지 않으면 각각 6개월 형을 받게 되고요.

이때 이들이 취할 수 있는 최적의 전략은 같이 침묵하여 더 낮은 형을 받는 것입니다. 이를 '파레토 최적'이라고 합니다. 다른 참여자에게 손해를 입히지 않으면서 각자의 보상을 최대화할 수 있는 상태죠. 하지만 인간은 이러한 최적의 선택을 하지 않습니다.

실제로는 둘 다 자백하는 경우가 많습니다. 이는 자백하는 전략이 상대방의 선택에 관계없이 상대적으로 안정적인 결과를 보장해 주기 때문입니다. 이를 '내시 균형'이라고 합니다. 내시 균형은 참여자 중 그 누구도 혼자서 자신의 결정을 바꿔 더 큰 이익을 얻을 수 없는 상태를 가리킵니다.[1]

이런 상황은 아마도 과거에 고인류가, 그리고 지금도 수많은 동물들이 맞닥뜨리고 있는 수많은 사회적 상황과 비슷합니다. 동물이 좀처럼 장기간 협력하지 못하는 수학적인 이유이기도 합니다.

그런데 게임 이론에 진화적 개념을 적용하면 결과가 달라집니다. '진화적 안정 전략(Evolutionary Stable Strategy, ESS)'은 특정 전략이 집단 내에서 다른 대체 전략으로 쉽게 대체될 수 없는 상태를 말합니다. 따라서 게임이 계속 반복된다면 어떤 전략이 유리한지 평가해야 진화적 안정 전략을 찾아낼 수 있습니다.

그러면 죄수의 딜레마를 반복하면 어떻게 될까요? 반복하면 배신하는 전략의 이득이 급감합니다. 상대의 행동에 따라 행동을 달리하는 전략이 대개 유리하죠. 이를 '팃포탯(Tit for tat)'이라고 합니다. '눈에는 눈, 이에는 이' 전략이죠.[2]

중요한 것은 재회 가능성입니다. 다시 볼 사이라면, 그리고 비슷한 거래가 계속된다면, 당장 손해를 보는 행동이 결국에는 장기적인 이득을 제공할 수 있습니다. 죄수의 딜레마에서 배신을 선택한 용의자도 나중에 다시 만날 가능성이 높다면, 그리고 앞으로 자주 취조를 당할 것이 예상된다면 다른 결정을 내릴 것입니다.

도덕의 보편성과 다양성

도덕은 감정입니다. 윤리와 도덕은 단순한 경험이나 직관적인 판단만이 아닌, 감정의 진화와 밀접하게 연결되어 있습니다. 이는 죄책감, 공분, 도덕적 분노와 같은 감정적 반응을 통해 나타납니다.

진화인류학자는 도덕이 인간 사회의 반복되는 협력의 문제에 대한 생물학적·문화적 해결책으로 진화했다고 가정합니다. 대규모 집단에서 도덕 규범은 복잡한 갈등 속에서도 협력을 가능하게 해준다는 것이죠. 물론 도덕 감정은 감정 수준을 넘어 사회적 제도와 문화적 관습으로 자리 잡았습니다. 사법 시스템, 공정성에 대한 집단적 신념 등이 포함됩니다. 규범을 위반한 자에 대한 처벌의 문화도 어디서나 관찰됩니다.

인류학 연구를 통해 확보한 60개 사회에 대한 민족지학적 기록을 분석한 결과, 지역·성별·문화에 관계없이 일반적으로 가족 돕기, 집단에 도움 주기, 호의에 보답하기, 용감하게 행동하기 등의 행위를 긍정적으로 평가하고 있었습니다. 이는 962개의 관련된 표현에서 일관되게 나타났습니다. 우리는 가족과 친족, 집단을 돕고, 받은 은혜를 갚고, 용감하게 희생하는 행동을 바람직한 행동, 즉 도덕으로 생각합니다. 그 정반대의 행동은 비겁하고 이기적이며 때로는 처벌의 대상이 되는 범죄로 여기죠.[3]

도덕 감정은 반복되는 상호작용을 통해 개인의 적합도를 높이는 역할을 했을 것입니다. 어떤 집단에 속하고 싶다면 집단 구성원의 마음에 드는 행동을 해야 합니다. 그리고 집단의 구성원이 바라는 행동은 바로 친사회적 행동입니다. 이를 행하지 않으면 화를 내고 쫓아내고 벌을 줍니다. 지연 시간 상리공생의 원칙을 어기는 자에게 가해지는 감정적 공분은 도덕이 되고 사회적 윤리의 기초가 되었습니다. 세계 어디에서나 말이죠.

그런데 이러한 주장에 반대하는 사람도 많습니다. 자세히 살펴보니, 도덕은 단지 집단에 이득을 가져다주는 협력적 행동에 관한 것만은 아니었습니다. 특정 문화에서 돼지고기나 소고기를 먹는 일이 도덕적으로 부적절하게 여겨지는 것처럼 말이죠. 즉, 공정과 배려의 윤리 등 집단에 도움을 주는 윤리 기준 외에도 다른 도덕의 기준이 있었던 것입니다.

심리학자 조너선 하이트(Jonathan Haidt)는 '도덕 기반 이론(Moral Foundation Theory, MFT)'을 통해 이러한 도덕의 다양성과 특수성을 설명합니다. 인간은 공정, 돌봄, 충성, 권위, 정결과 신성 등의 범주에 기반해 다양하고 복잡한 도덕적 판단을 한다는 것입니다.[4] 각각의 기준에 관한 민감성이 집단 혹은 개체에 따라 다르다면 도덕의 기준도 다양하게 나타날 수 있습니다. 하나씩 살펴봅시다.

공정성과 호혜성은 호혜적 관계 유지에 필수적입니다. 진화적 환경에서 협력자와 사기꾼을 구분하고 처벌하는 데 중요한 역할을 합니다. 이러한 감정은 이미 우리의 직관적 판단에 깊이 내재되어 있습니다. 심지어 우리는 인형 뽑기 게임기가 말을 안 들으면 기계에 대고 사기꾼이라고 화를 내기도 합니다. 약속은 지키고, 빌린 것은 갚아야 합니다. 은혜를 받았으면 감사해야 하고요. 가장 기본적인 공정의 윤리는 어떤 문화에서나 나타납니다.

배려와 돌봄이라는 도덕 범주는 유아와 친족에 대한 보호와 보살핌에서 발전했습니다. 예를 들어 거리에서 쓰러진 할머니를 보면 도와주고 싶은 마음이 듭니다. 이와 반대로 악덕, 잔인함, 냉혹함 같은 행위는 도덕적으로 나쁘게 평가됩니다. 봉제 인형이라도 마구 칼로 찌르면 이를 나쁜 행동이라고 생각하죠. 천 조각에 불과한 인형을 보고도 우리의 도덕 감정은 자동적으로 활성화되는 것입니다.

그런데 이 두 도덕 범주만큼 중요한 원칙이 바로 집단에 대한 충성입니다. 사실 공정과 돌봄의 도덕 원칙도 집단을 위한 것입니다. 그러니 집단 자체에 충성하는 도덕 감정도 아주 강력하죠. 월드컵이 개최되면 "오! 필승 코리아"를 외치고, 순국선열을 국립묘지에 안장합니다. 만일 유관순 열사와 안중근 의사를 테러리스트라고 비난했다가는 엄청난 비난을 받을 것이고요.

또한 우리가 사는 사회는 수직적 질서에 따라 층층이 구성되어 있습니다. 연장자를 존경하고 상급자를 따르는 도덕적 원칙이 진화했죠. 학생은 선생님을, 부하는 상급자를, 자식은 부모를, 신하는 임금을 존경하면서 따르는 원리죠.

마지막 도덕 범주는 조금 다릅니다. 정결과 신성함은 감염병이 창궐하던 환경에서 살 때 진화한 것으로 보입니다. 즉, 깨끗하고 정결한 것을 좋아하고, 더럽고 오염된 것을 싫어합니다. 정결을 좋아하는 마음은 감염병 유행과 관련된 대상을 혐오하는 도덕으로 발전했습니다. 성적으로 문란한 사람을 싫어하는 이유 중 하나는 성병입니다. 성스러운 교회나 절을 더럽히면 큰 비난을 받죠. 이 도덕 범주는 외부인을 배척하는 행동으로 나타나기도 합니다.

도덕 기반 이론에 따르면, 각 집단이나 개인은 처한 상황에 따라서 다른 도덕성을 가질 수 있습니다. 예를 들어 형편이 어려운 사람은 배려와 돌봄이 가장 중요한 도덕성이라고 주장할 겁니다. 반대로 수능을 앞둔 학생이라면 공정을, 부대를 지휘하는 군인이라면 권위에 대한 존경을, 독립 운동을 하는 의사라면 충성을, 수술실의 의사나 종교적 의례를 하는 성직자라면 정결과 위생을 중요하게 여기겠죠.

그래서 남성과 여성의 도덕성이 다르게 나타나고 정치적 태도도 달라집니다. 오랜 세월 동안 남성과 여성에게 주어진 생태적 선택압이 상이했기 때문입니다. 일반적으로 여성은 배려의 윤리를,

남성은 충성의 윤리를 상대적으로 더 높게 두곤 합니다. 감염병이 유행하는 곳에서는 정결이 강조되는데, 위도가 높아 추운 곳에서는 반대의 경향이 나타나기도 하죠. 건강이 나쁘다면 정결을 중요하게 여기고, 몸이 튼튼하면 더 문란한 행동을 하기도 합니다.

범죄의 존재 이유

도덕과 윤리가 진화했는데, 왜 범죄는 여전한 것일까요? 분명 반사회적 행동은 사회적 집단을 이루고 사는 인간에게 불리한 전략일 텐데요. 혹시 장애가 있어서 생기는 병일까요? 흔히 범죄자들의 모습 속에서 사이코패스, 즉 '반사회적 인격장애'가 발견되는 것처럼 말입니다.

사이코패스는 사회적인 규범을 무시하고 법적으로 문제가 될 수 있는 행위를 하며, 개인의 이익이나 쾌락을 위해 거짓말, 가명 사용, 사기 등을 반복합니다. 충동적이며 계획성이 부족하고 호전성과 공격성을 자주 보이죠. 또한 자신이나 타인의 안전을 무시하는 무모한 행동, 직업 활동에 대한 무책임한 접근, 채무 불이행 등 지속적인 무책임성도 두드러집니다.

만약 도덕이 진화했다면, 이러한 사이코패스는 이미 모두 사라졌겠지요. 그래서 과거에는 사이코패스를 양육의 문제와 연결지어 생각하기도 했습니다. 사이코패스가 성장 과정에서 중대한 문제가 있어서 생긴 것이라면 이는 진화의 결과가 아닌 것이 되니까요. 이 경우 세상에 악이 존재하는 이유도 설명할 수 있죠.

하지만 연구에 따르면 발달 과정의 문제는 두드러지지 않았습니다. 오히려 발달 과정의 문제는 일반인보다 적었고, 외모가 훌륭하기도 했습니다. 분명 진화적 적응의 문제일 수 있다는 것입니다. 어떻게 그럴 수 있을까요? 결론부터 말하면, 범죄는 장기적으로 유리한 전략은 아닙니다. 그러나 잠깐 유리할 수는 있습니다.[5]

진화적 관점에서 사이코패스의 존재는 게임 이론으로 설명될 수 있습니다. '매와 비둘기 게임'에서 매는 공격적 전략을 쓰고, 비둘기는 비공격적 전략을 씁니다.[6] 매끼리 만나면 서로 큰 피해를 입겠죠. 그러나 매가 비둘기를 만나면 매에게 큰 이득이 됩니다. 반대로 비둘기끼리 만나면 둘 다 작은 이득을 얻습니다. 이런 식으로 서로의 이득·손해 관계가 맺어지는 상황을 가정해 보면 사이코패스의 존재 이유를 알 수 있습니다.

만약 매가 너무 많아진다면 많은 매들이 죽게 됩니다. 하지만 적당한 수의 매가 있다면, 비둘기를 공격하면서 더 큰 이익을 얻겠죠. 따라서 비둘기가 많은 사회, 즉 착한 사람이 많은 세상에서는 항상 일정한 비율의 사이코패스가 존재할 수밖에 없습니다. 매와 비둘기의 적절한 비율이 유지되어야 둘 모두의 이득이 균형을 이룰 수 있기 때문이죠. 이를 '혼성 진화적 안정 전략'이라고 합니다. 악이 진화하는 것이죠.[7,8]

게다가 이런 이득과 손해의 균형은 남성과 여성에게서 다르게 나타납니다. 나이에 따라서도 다릅니다. 즉, 젊은 남성의 경우 매 전략을 사용하는 편이 유리할 수 있습니다. 단기적 전략에 치중하는 것이 잠시라도 유리한 것입니다. 그래서 젊은 남성들의 범죄율이 높은 현상을 '젊은 남자 증후군(young male syndrome)'이라고 합니다.[9]

사실 범죄가 아니더라도 젊은 남성에게 위험을 감수하는 행동은 자신이 건강하고 좋은 배우자임을 과시하는 방법입니다. 즉, 이성에게 매력적으로 보일 수 있습니다. 이들은 무모하고 위험한 행동이라면 서슴지 않는데, 그중 일부가 범죄인 것이죠. 그래서 젊은 남자는 범죄도 많이 저지르지만, 영웅적 행동도 많이 합니다. 과도한 위험을 감수하는 행동은 남성 집단 내에서 높은 지위를 얻는 데에도 도움이 됩니다. 무리의 리더가 되는 것이죠.

나이 든 남성이나 여성은 범죄를 많이 저지르지 않습니다. 나이가 들면 신중해지고 사려 깊게 행동하죠. 남성도 나이가 들어 결혼을 하면 차분해집니다. 청춘의 시기에 벌인 난봉질은 잊어버리고, 가정을 위해 훨씬 조심스럽게 행동하는 것이죠. 여성은 신체적인 힘이 약한 데다가 임신과 출산, 육아 등의 부담을 생각하면 무모한 행동의 대가가 훨씬 큽니다. 그래서 더 조심스럽게 행동하는데, 그런 이유로 범죄율도 낮습니다.

사실 사춘기 무렵까지는 위험한 행동을 벌이는 정도의 남녀 차이가 별로 없습니다. 그러다가 임신이 가능해지는 시점부터는 큰 차이를 보이죠.

여성도 범죄를 저지릅니다. 그런데 여성의 범죄는 남성과 다릅니다. 과시적인 행동을 하다가 문제가 되는 경우는 적습니다. 대체로 생존을 위한 행위, 예를 들어 음식을 훔치거나 소규모 도둑질,

집세를 내지 않는 등의 범죄입니다. 남성이라면 식료품을 훔치는 행동이 오히려 평판을 깎아내릴 겁니다. 은행을 터는 일이라면 왠지 멋져 보이지만, 마트에서 라면을 훔치는 것은 시시한 일이죠.

아무튼 사기꾼 기질은 모든 인간의 깊은 심성에 자리 잡은 공통적인 원형입니다. 이를 흔히 '트릭스터'라고 합니다. 수많은 문화권에서 발견되는 신화적 원형으로, 가장 유명한 것이 서부 아메리카 원주민의 '코요테' 이야기입니다. 코요테는 여성을 유혹하는 전문가일 뿐 아니라, 항상 필요 이상으로 음식을 훔칩니다. 이를 위해 강물도 바꾸고 지형도 변화시키는 술법을 부리지요. 이처럼 사기와 계략을 꾸미고 마법을 부리는 비도덕적이고 탐욕적인 존재가 바로 트릭스터입니다.

다른 사람을 속이고 자신의 이익을 취하는 것은 사실 인류가 오랜 적응을 통해 만들어낸 고유한 심리적 형질입니다. 아마 누구나 한 번쯤은 잔꾀를 부려서 이익을 취해 본 경험이 있을 것입니다.

이러한 기만 전략은 집단 사회에서 대단히 유리합니다. 인간은 다른 영장류와 달리 예외적 수준의 높은 사회성을 보이는데, 사기꾼 전략을 통해 자신의 희생은 최소화하면서 전체 집단의 이득은 나누어 가지는 개체는 아주 유리해집니다. 속된 말로 '사기 못 치는 놈이 바보'인 것일까요?

사실 우리는 꾀를 부려서 남을 속이는 것을 좋아하고 즐깁니다. 꾀쟁이 생쥐가 큰 고양이를 골탕먹이는 식의 이야기는 어린아이들에게 아주 인기 있는 만화의 단골 소재죠. 어른들이 좋아하는 영화도 마찬가지입니다. 수많은 범죄 영화에서 주인공은 다름 아닌 사기꾼입니다. 우리는 사기꾼과 자신을 동일시하고, 교묘한 범죄가 성공하길 바랍니다.

그러나 기만 전략은 장기적으로는 성공하기 어려운 전략입니다. 기만 전략은 집단 내에 협력적인 개체가 훨씬 많을 때에만 성공할 수 있죠. 사기꾼이 어느 정도 이상으로 많아지면 집단은 무너져버립니다.

게다가 사기꾼 전략을 억제하기 위해 동시에 진화한 '사기꾼 탐지 모듈'이 있습니다.[10] 남을 기만하면서도 자신만은 기만당하지 않으려는 전략이죠. 실제로 한 번 속은 사람에게 다시 속는 사람은 거의 없습니다. 기만당한 경험은 절대 잊지 못하는 것이죠.

종교의 탄생

종교성은 영혼, 조상, 신 등을 숭배하는 행동이나 특정 사건의 원인을 초자연적인 행위자에서 찾는 생각 등으로 정의될 수 있습니다. 그러나 구체적인 종교적 교리와 의례는 아주 다양합니다. 기독교, 불교, 이슬람교 등 거대 종교부터 소수민족의 독특한 영적인 믿음에 이르기까지 다양한 교리와 실천 계율이 존재합니다. 종교의 다양성과 상대성은 인류학적 연구의 중요한 주제이며, 이를 이해하고 수용하는 것은 매우 중요합니다. 종교적 다양성에 대한 이해는 서로 다른 종교 간 공존과 상호 존중을 촉진하는 데 기여하며, 이는 다문화 사회의 평화와 조화를 위한 핵심 요소입니다.

역사적으로 종교 간 갈등은 인류 사회의 많은 비극을 야기했습니다. 이런 갈등은 종종 무지, 오해, 편견에서 비롯되며, 때로는 정치적·경제적 이해관계에 의해 촉발되기도 합니다. 그러나 종교적 다양성에 대한 깊은 이해와 존중을 통해 이러한 갈등을 줄이고 인류의 공존을 위한 더 나은 길을 모색할 수도 있습니다.

그런데 종교의 다양성에도 불구하고, 종교에 관한 횡문화적인 보편성을 발견할 수 있습니다. 전 세계의 모든 집단에는 영적인 존재에 대한 믿음과 종교적 실천이 존재하죠. 많은 진화인류학자들이 인간의 마음속에 보편적 종교성이 내재되어 있다고 주장합니다. 그렇다면 왜 인간은 보편적 종교성을 가지게 되었을까요? 이에 대한 대답으로 진화인류학자들은 두 가지의 주요 모델을 제시합니다. 바로 인지적 부산물 모델과 적응주의 모델입니다.

① 인지적 부산물 모델

인지적 부산물 모델은 종교성을 인간의 진화적 인지 모듈이 과도하게 작동하면서 발생하는 부산물로 보는 관점입니다. 반면 적응주의 모델은 종교가 대규모 집단생활에 도움이 되는 문화적 적응이라고 보는 관점이고요.

인지적 부산물 모델을 지지하는 학자들은 종교가 심리적 기전의 부산물이라고 생각합니다. 본래 종교의 적응적 기능은 중요하지 않거나, 최소한 종교가 나타나던 때에는 중요하지 않았다고 여기는 것입니다. 종교성이 모든 사람에게 보편적으로 나타나는 이유는 인간이 보편적으로 가진 진화심리학적 모듈 때문이라는 것이죠.[11] 즉, 종교만을 위한 별도의 모듈은 없고, 이미 가지고 있는 인지나 정서, 행동 등에 관한 적응적 모듈이 발달하면서 그 결합을 통해 종교성이 창발했다는 주장입니다.[12]

그러면 종교적 생각과 행동의 기반으로 여겨지는 인지적 모듈에는 무엇이 있을까요? 행위자 탐지 모듈, 인과 추론 모듈, 마음 이론과 의인화 모듈 등이 있습니다.

첫째, 행위자 탐지 모듈은 행위자가 존재하지 않는 현상에서도 행위자를 찾는 경향을 만듭니다.[13] 예를 들어 깜깜한 밤 숲속에서 갑자기 불빛과 눈이 마주친 경우, 호랑이라고 생각하는 것이 생존에 유리합니다. 실제 호랑이라면 목숨을 구할 수 있을 것이고, 설령 아니라고 해도 손해 볼 것은 없기 때문입니다. 깜짝 놀랐으니 좀 두근거리겠지만 말이죠. 이러한 심리적 모듈 때문에 우리는 아무도 없는 공간에서 종종 오싹하고 불안한 느낌을 받습니다. 누군가 있을 것 같다는 막연한 상상 때문이죠.

둘째, 인과 추론 모듈은 사람들이 사건이나 현상의 원인을 찾고자 하는 마음을 반영합니다.[14] 이는 전전두엽의 발달과 관련이 있는데, 역시 진화적 적응의 결과로 인간은 무슨 일이 일어나면 그 사건의 원인을 자동적으로 떠올립니다. 이는 무의식적으로 쉽게 일어나는 현상인데, 이유를 알 수 없는 삶의 여러 사건에 대해 종교적 원인을 떠올리는 인지적 원인이 됩니다.

예를 들어 지진과 같은 예측 불가능한 자연 재난이 발생할 때 사람들은 그 원인을 이해하고 싶어 합니다. 현대 과학 기술이 발달하기 전에는 이런 자연 현상의 원인을 설명할 수 있는 정보가 부족했습니다. 이런 상황에서 신비한 행위자, 즉 신이라는 개념을 통해 재난의 원인을 해석했던 것입니다.

인간은 신이 전지전능하다고 믿으므로 도무지 설명할 수 없는 삶의 여러 비극, 가끔은 놀라운 행운의 원인을 신에게 돌리면 아주 편합니다. 나쁜 일이 생겨도, 좋은 일이 생겨도 모두 신의 섭리라고 생각하는 것이죠. 물론 진짜 원인은 아니지만, 과학적 접근이 어려웠던 과거에는 이렇게 생각하는 편이 유리했습니다. 그러지 않으면 계속 원인이 무엇인지 고민하고 전전긍긍할 테니까요.

셋째, 마음 이론도 종교의 탄생에 중요한 역할을 합니다. 다른 개체의 마음 상태를 이해하고, 그들의 생각과 감정을 추론하는 능력을 말합니다. 인간은 이러한 능력이 특히 고도로 발달되어 있어 다른 인간뿐 아니라 비인간적인 존재에게도 마음 상태를 귀속시키는 경향이 있습니다. 주변의 돌과 나무, 산, 강에도 마음 이론을 적용합니다. 무생물에도 마음이 있다고 믿고, 그러한 정령의 존재를 깊게 믿는 것입니다. 심지어 죽은 사람에게도 마음이 있다고 믿으며, 영혼을 불러내거나 그 앞에서 절하고 제사를 지내기도 하죠.

넷째, 마음 이론으로부터 시작된 의인화 모듈입니다. 신이라는 인지적 개념은 의인화된 양상으로 나타납니다. 그래서 수많은 종교에서 신은 사람처럼 생각하고 느끼고 행동하죠. 신인데도 인간에게 속기도 하고, 싸우고 질투하며, 그러다가 다시 사랑하고 협력하기도 합니다.[15,16]

하지만 신은 인간과 달리 초월적인 능력을 가지고 있습니다. 그 능력은 신과 인간을 구분해 주는 중요한 특징이며, 우리가 신에게 더욱 주목하도록 만드는 힘이 있습니다. 그래서 대개 신은 죽지 않으며, 먹지도 않고 마시지도 않습니다. 하늘 위에 살거나 땅 아래 살며, 과거로 돌아가기도 하고 미래를 예측하기도 합니다. 바다를 가르고 땅을 흔듭니다. 해나 달을 가리기도 하죠. 생명이 태어나게도 하고 숨이 끊어지게도 합니다. 물리적 법칙이나 생물학적 법칙을 위배하는 이러한 반직관적인 능력은 신이라는 개념이 머릿속에 오랫동안 기억되도록 만드는 힘입니다.[17]

비스듬한 지붕을 만들면 지붕 밑에 다락을 둡니다. 그러나 비스듬한 지붕은 비나 눈이 잘 흘러내리도록 만든 것입니다. 다락을 만들기 위해 설계한 것이 아니죠. 그러나 비스듬한 지붕 밑에는 다락이 생기고, 이 공간은 방이나 창고로 쓸 수 있습니다. 이를 어

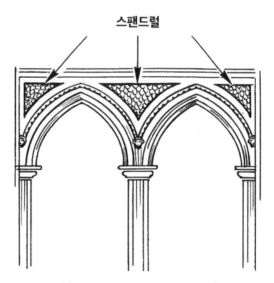

건축물의 부산물로 생겨나는 스팬드럴.[18]

려운 말로 '스팬드럴 이론(spandrel theory)'이라고 합니다.[19] 스팬드럴은 아치형 기둥과 평평한 들보가 만들어낸 빈 공간을 말합니다. 종교가 진화의 우연한 결과라는 비유적 설명입니다.

그런데 종교가 정말 그저 이러한 여러 인지적 모듈이 우연히 겹치면서 나타난 결과일까요? 처음에는 우연히 나타났지만, 이후에는 여러 유익한 이득을 주었기 때문에 크게 융성한 것은 아닐까요? 종교는 역사 속에 늘 있었고 여전히 수많은 사람들이 종교에 매달리며 의존합니다. 이를 보면, 단지 우연에 의해 나타난 것만은 아닌 것 같습니다.

② 적응주의 모델

적응주의 모델에서는 종교를 문화적 복합체로 간주하며, 여러 수준에서 적합도를 향상시키는 기능을 한다고 봅니다. 이 모델은 종교가 개인과 사회에 다양한 이점을 제공한다고 가정합니다. 소규모의 원시 사회에서는 종교가 주로 개인적 경험에 기반하여 나타났을 것입니다. 각자 의인화된 종교적 대상을 떠올리고, 그 대상에 심리적으로 의존했을 것입니다. 삶의 길흉화복, 생로병사의 원인을 귀속시킨 것이죠.

하지만 사회가 점차 커지고 분업화되자 이러한 종교적 사고나 행동을 특별하게 잘하는 사람이 생겨났습니다. 화창한 날, 친구들과 잔디밭에 누워 구름을 본 적이 있나요? 구름에는 사람 얼굴도 보이고, 동물의 모습도 보입니다. 그런데 어떤 친구는 다른 친구보다 구름에 숨은 의미를 훨씬 잘 찾아냅니다.

에드워드 타일러(Edward Burnett Tylor), 조지 프레이저(Sir James George Frazer)와 같은 인류학자들은 종교적 사고를 유독 잘하는 사람이 원시사회의 샤먼이었을 것이라고 생각합니다. 꿈을 해석하고, 별자리를 보며 점을 치고, 영혼과 소통하는 사람이죠. 이들은 특별한 능력을 가지고 미래를 예측하고 병자를 치료합니다. 물론 예측이 맞을 리 없고, 치료도 제대로 될 리 없습니다. 하지만 부족의 모든 사람이 그렇게 믿으면 샤먼은 높은 권위를 얻습니다.

이러한 능력을 가진 사람이 점차 종교적 권위를 가지고 식량을 분배하고, 갈등을 중재하고, 집단이 나아갈 방향을 일러줍니다. 이 권위자의 뒤에는 모든 사람이 믿는 신이 자리하고 있죠. 그러니 집단은 하나로 결속됩니다. 실제로 고대 사회에서 사제는 공동체를 튼튼하게 만드는 역할을 했습니다. 물론 모든 구성원이 믿는 신의 이름으로 말입니다.

현대 종교는 특히 이런 일을 잘 해냅니다. 개신교나 천주교, 불교 등 거대한 종교의 지도자는 사회를 향해 거룩한 가르침을 제공합니다. 불쌍한 자를 돕고, 나쁜 사람을 계도하고, 서로 협력하도록 하죠. 적지 않은 학교와 병원, 자선 기관 등이 종교의 이름으로 세워졌습니다. 특히 집단이 어려운 상황에 있을수록 이러한 종교적 가르침은 큰 울림을 제공합니다.

게다가 종교는 협력을 깨는 사람을 골라내서 처벌하기도 합니다. 최후의 심판과 영원한 형벌을 강조하면서, 나쁜 일을 하지 말라고 강조합니다. 대규모 협력을 촉진하고 도덕을 위반한 자나 무임승차자를 걸러내는 데 중요한 역할을 하는 것이죠. 집단 내에서 구성원이 동일한 규칙과 규범을 공유하도록 하며, 이 과정에서 신성한 권위를 부여합니다. 사회가 커질수록 신은 더욱 도덕적인 성격을 갖게 되며, 사회 구성원 개개인의 모든 행위를 전지전능하게 감시하는 존재로 인식되기 시작합니다. 이러한 신념은 사람들에게 감시자가 존재한다는 내면적인 두려움을 주어 구성원의 행동을 조절하는 효과를 만듭니다.

사실 작은 집단에는 유사한 사람들이 모여 호혜적인 관계를 형성하기 쉽지만, 집단의 규모가 커질수록 이해 충돌이나 배신, 심지어 작은 의견 차이조차 심각한 갈등으로 증폭될 수 있습니다. 이러한 상황에서 종교적 신성의 힘은 갈등을 무력화시키고, 집단 내에서 일종의 통일된 규범과 가치를 강화하는 역할을 할 수 있습니다. 종교가 만든 단합된 세상이죠.

● **토론해 봅시다**

Q1. 무신론자는 비도덕적일까?

Q2. 범죄를 저지르는 이유는 무엇일까?

Q3. 윤리와 도덕은 왜 과거부터 현재까지 계속해서 이어져오는 것일까?

Q4. 종교는 적응적 기능을 가지고 있을까?

Q5. 무의식적으로 초자연적인 것들을 상상하는 이유는 무엇일까?

서울대학교에 '진화와 인간 사회' 수업이 개설된 지 벌써 10년이 넘었습니다. 인류학과 박순영 명예교수님께서 야심 차게 개설한 이 인기 강좌는 한때 매년 1,000명 가까이 수강하던 과목입니다. 지금은 포스텍으로 자리를 옮긴 김준홍 교수님도 수업을 맡은 적이 있으며, 저는 2018년부터 매 학기 가르치고 있습니다. 진화인지종교학을 연구하는 구형찬 교수님이 합류하셔서 현재는 두 분반을 나눠 맡고 있습니다. 전성기에 비해 다소 줄었지만, 여전히 매년 600명 이상이 듣는 서울대학교 대표 교양 과목이죠.

말을 줄여 부르기 좋아하는 젊은 학생들은 흔히 '진인사'라고 부르며, 이 수업의 성적을 두고 '진인사 대천명'이라고 농담하기도 합니다. 하지만 본 수업의 성취도는 하늘에 달린 것이 아니라 각자의 노력에 달려 있습니다. 최대한 수업을 유기적으로 설계하고, 교보재를 적극 활용하며, 온라인 토론을 활성화하고, 읽기 자료와 쓰기 과제도 입체적으로 제시하고, 대규모 강의에 걸맞게 컴퓨터를 활용한 객관적 평가를 진행하고 있습니다. 하이브리드 강의를 개발하여 온라인과 오프라인에서 동시에 수업을 제공하고요.

긴 세월 동안 수업 내용과 교수법도 점차 '진화'했습니다. 가장 주력한 부분은 '대천명'으로 성적이 결정되지 않고, 각자의 노력여하에 따라 누구나 좋은 성적을 받을 수 있는 수업, 그러면서도 재미있고 유익한 수업을 만드는 것이었습니다.

처음에는 영문 교과서를 사용했는데, 수백 명의 학생이 듣는 대표적 교양 강좌에 국문 교과서가 없는 것은 정말 아쉬운 일이었습니다. 그래서 2019년에는 존 카트라이트(John Cartwright)가 쓴 『진화와 인간 행동』을 박순영 교수님의 감수를 받아 번역해서 교과서로 사용하기 시작했습니다.

그러나 900페이지가 넘는 분량이 문제였습니다. 원래 1,000페이지를 훌쩍 넘는 책인데 글자 크기와 여백을 줄여 겨우 들고 다닐 수 있는 수준으로 줄였지만, 여전히 교양 수업을 수강하는 학생이 가벼운 마음으로 들추기는 어려운 책이었기 때문입니다. 대학 신입생의 수준에 맞춰서 핵심적 내용을 간략하게 제시하는 새 교과서를 출간하게 된 이유입니다.

사실 교과서를 쓰는 일은 매우 성가신 일입니다. 차라리 전문 학술서를 쓰는 편이 더 쉽습니다. 이런저런 군더더기도 제거해야 하고, 중언부언도 피해야 합니다. 학계에서 널리 인정받는 정확한 내용을 전달해야 하고요. 너무 어려워도 안 되고 너무 쉬워도 안 됩니다. 최대한 간결하게 핵심만 전달해야 합니다. 그래서 늘 마음만 있었습니다.

코로나 팬데믹이 끝날 무렵, 해냄출판사에서 반가운 제의를 받았습니다. 수업 시간에 다루는 핵심적 내용을 모아 고등학생이 읽을 만한 입문서를 내자는 것이었습니다. 몇 차례 편집자와 책의 방향에 관해 논의를 했고, 수준을 조금 올려서 대학교 신입생에게 알맞은 책을 쓰기로 했습니다. 꼭 필요한 내용 위주로 추리고, 가능한 한 알기 쉽게 쓰려고 했습니다. 무엇보다도 틀린 내용이 없도록 여러 번 검토했죠.

여러 학기에 걸쳐 학부생과 대학원생의 의견을 모아 토론 질문을 만들었고, 직접 토론도 진행하며 발전시켰습니다. 총 여섯 개의 영상 자료를 추렸고, 몇 개의 삽화는 새로 그렸습니다. 100권이 넘는 참고 도서를 제시했고, 국내 고고학 혹은 자연사 박물관에 관한 자료도 실었습니다. 사실 처음에는 그동안 출제했던 수백 개의 문제도 같이 실으려고 했지만, 너무 참고서처럼 보일까 싶어 그 부분은 제외했습니다.

이 책을 읽을 주요 독자층은 대학교 신입생입니다. 그러나 고등학생도 무리 없이 읽을 수 있도록 어려운 표현은 모두 쉽게 고쳤습니다. 문체도 따뜻하게 바꾸었습니다. 진화인류학에 관심이 있는 고등학생에게는 진로 탐색에 도움을 줄 것입니다.

안타깝게도 진화학 수업이 개설된 학교는 손에 꼽고, 진화인류학 수업이 개설된 학교는 전무합니다. 한국에 진화인류학 대학원 과정은 오로지 서울대학교에만 있으니 어쩔 수 없는 일입니다. 대신 이 책이 여러 대학의 학생들 그리고 일반인 과학 독자들께 진화인류학의 세계를 엿볼 기회를 제공하기 바랍니다. 여러 대학교의 학생들이 학점 교류를 통해 하이브리드로 제공되는 '진화와 인간 사회' 수업을 들으면 더 좋겠습니다.

이 책 자체가 어떤 의미에서는 문화적 진화의 증거입니다. 박순영 명예교수님부터 여러 강사진이 오랫동안 발전시킨 수업을 책으로 빚었습니다. 간결하게 쓰려고 했지만, 행간에는 수천 명의 학생과 나눈 시간의 기억이 녹아 있습니다. 부족한 강의를 늘 열심히 수강해 준 서울대학교 학생 여러분께 감사드립니다.

많은 분의 도움을 받았습니다. 우선, 학부생 수준에 알맞은 책을 쓰려면 학부생의 의견이 필요해서 진화인류학교실에서 학부 연구원을 지내는 권지헌 군에게 도움을 청했습니다. 책 전반에 걸쳐서 자료 수집과 교정, 윤문, 참고문헌 정리 등을 도와주었습니다. 또한, 두 학기 분량의 수업 내용을 모두 정성스럽게 속기해 준

전은혜 속기사님의 자료가 큰 도움이 되었습니다. 그동안 '진화와 인간 사회' 수업을 거쳐 간 100여 명의 조교, 그리고 다방면에서 연구와 교육에 도움을 주고 있는 진화인류학교실 연구원, 그리고 진화생물인류학 분과를 늘 강력하게 지지해 주시는 인류학과 여러 교수님께도 깊은 감사를 드립니다.

　많은 분의 도움을 받아 책을 썼지만, 책의 잘못이 있다면 전적으로 제 책임입니다. 지금은 300여 쪽에 불과한 작은 입문서이지만, 앞으로 더 풍성한 진화인류학 교과서로 발전할 수 있도록 많은 관심 부탁드립니다.

2024년 7월

박한선

주

5p

1 Lapham's Quarterly. (n.d.). Great Chain of Being. Lapham's Quarterly. Retrieved
  May 24, 2024, from https://www.laphamsquarterly.org/book-nature/great-chain-
  being(저자가 직접 번역).

1부 진화인류학의 숲에 들어서기 전에

1장 진화인류학이란 무엇인가

1. Aristotle. (1932). Politics. H. Rackham (Trans.). London: Heinemann. Retrieved from
   https://archive.org/details/politicsrackh00arisuoft(저자가 직접 번역).
2. Aristotle. (1924). Aristotle's Metaphysics (Vol. 1). W. D. Ross (Ed.).
   Oxford: The Clarendon Press. Retrieved from https://archive.org/details/
   aristotlesmetaph0001aris(저자가 직접 번역).
3. Bartholin, T. (1647). Institutions Anatomiques de Gaspar Bartholin, Augmentées
   et Enrichies Pour la Seconde Fois Tant des Opinions et Observations Nouvelles des
   Modernes⋯ Que de Plusieurs Figures⋯ (2nd ed.). Du Prat, A. (Trans.). Paris: M.
   Hénault et J. Hénault. Retrieved from https://archive.org/details/BIUSante_08214/
   page/n685/mode/2up(저자가 직접 번역).
4. Lišèák, V. (2018). Mapa Mondi (Catalan Atlas of 1375), *Majorcan cartographic
   school, and 14th century Asia. In Proceedings of the ICA (Vol. 1, p. 69)*. Göttingen:
   Copernicus Publications.
5. Isidore of Seville. (c. 630). *Episcopi Etymologiarum Sive Originum Liber XIV*. The
   Latin Library. Retrieved May 24, 2024, from https://www.thelatinlibrary.com/
   isidore/14.shtml(저자가 직접 번역).
6. Darwin, E. (1794). *Zoonomia; Or The Laws of Organic Life (Vol. 2)*. Reppro
   Publications.

7. Bates, H. W. (1981). "Contributions to an Insect Fauna of the Amazon Valley (Lepidoptera: Heliconidae)". *Biological Journal of the Linnean Society*, 16(1), 41-54.

8. Desmond, A., Moore, J., & Browne, J. (2007). *Charles Darwin*. Oxford: Oxford University Press.

9. Galton, F. (1904). "Eugenics: Its Definition, Scope, and Aims". *American Journal of Sociology*, 10(1), 1-25.

10. 위키피디아(https://upload.wikimedia.org/wikipedia/commons/3/39/Blumenbach%27s_five_races.JPG).

2장 지구 환경 변화에 따른 인류 진화

1. Rafferty, J. P. (Ed.). (2010). *Geochronology, Dating, and Precambrian Time: The Beginning of the World as We Know It*. Britannica Educational Publishing.

2. Rafferty, J. P. (Ed.). (2010). *The Paleozoic Era: Diversification of Plant and Animal Life*. Britannica Educational Publishing.

3. Rafferty, J. P. (Ed.). (2010). *The Mesozoic Era: Age of Dinosaurs*. Britannica Educational Publishing.

4. Rafferty, J. P. (Ed.). (2010). *The Cenozoic Era: Age of Mammals*. Britannica Educational Publishing.

5. Rafferty, J. P. (Ed.). (2010). *Primates*. Britannica Educational Publishing.

6. 표준국어대사전 우리말샘.

7. Vrba, E. S. (2005). "Mass Turnover and Heterochrony Events in Response to Physical Change". *Paleobiology*, 31(S2), 157-174.

3장 자연선택과 성선택

1. 표준국어대사전.

2. Clutton-Brock, T. H. & Keppler, Peter & Schaik, C, P.. (2004). "What is Sexual Selection?". *Sexual Selection in Primates: New and Comparative Perspectives*. 24-36.

3. Kappeler, P. M., & Van Schaik, C. P. (2004). *Sexual Selection in Primates: Review and Selective Preview*. Cambridge: Cambridge University Press, 3-23.

4. Panhuis, T. M., Butlin, R., Zuk, M., & Tregenza, T. (2001). "Sexual Selection and Speciation". *Trends in Ecology & Evolution*, 16(7), 364-371.

5. Andersson, M., & Iwasa, Y. (1996). "Sexual Selection". *Trends In Ecology & Evolution*, 11(2), 53-58.

6. Hamilton, W. D. (1982). *Population Biology of Infectious Diseases: Report of the Dahlem Workshop on Population Biology of Infectious Disease Agents Berlin 1982*,

March 14-19. Berlin: Springer Berlin Heidelberg. 269-296.

7. Leigh V. V. (1973). *A New Evolutionary Law*. Chicago: University of Chicago.

8. Andersson, M., & Iwasa, Y. (1996). "Sexual Selection". *Trends In Ecology & Evolution*, 11(2), 53-58.

9. Bateman, A. J. (1948). "Intra-Sexual Selection in Drosophila". *Heredity*, 2(3), 349-368.

10. Fisher, R. A. (1915). "The Evolution of Sexual Preference". *The Eugenics Review*, 7(3), 184.

11. Fisher, R. A. (1999). *The Genetical Theory of Natural Selection: a Complete Variorum Edition*. Oxford: Oxford University Press.

12. Zahavi, A. (1975). "Mate Selection: A Selection for a Handicap". *Journal of Theoretical Biology*, 53(1), 205-214.

13. Zahavi, A. (1977). "The Cost of Honesty (further Remarks on the Handicap Principle)". *Journal of Theoretical Biology*, 67(3), 603-605.

14. 표준국어대사전.

15. 표준국어대사전 우리말샘.

16. 표준국어대사전 우리말샘.

17. 표준국어대사전 우리말샘.

18. 표준국어대사전.

19. Mayr E. (1982). *The Growth of Biological Thought*. Cambridge: The Belknap Press of Harvard University Press. 730.

2부 사피엔스가 걸어온 수백만 년의 시간

1장 오스트랄로피테쿠스에서 호모 에렉투스까지

1. Brunet, M., Guy, F., Pilbeam, D., Mackaye, H. T., Likius, A., Ahounta, D., ⋯ & Zollikofer, C. (2002). "A New Hominid from the Upper Miocene of Chad, Central Africa". *Nature*, 418(6894), 145-151.

2. White, T. D., Suwa, G., & Asfaw, B. (1994). "*Australopithecus ramidus*, a New Species of Early Hominid from Aramis, Ethiopia". *Nature*, 371(6495), 306-312.

3. Macchiarelli, R., Bergeret-Medina, A., Marchi, D., & Wood, B. (2020). Nature and Relationships of *Sahelanthropus tchadensis*. *Journal of Human Evolution*, 149, 102898.

4. Daver, G., Guy, F., Mackaye, H. T., Likius, A., Boisserie, J. R., Moussa, A., ⋯ & Clarisse, N. D. (2022). Postcranial Evidence of Late Miocene Hominin Bipedalism in Chad. *Nature*, 609(7925), 94-100.

5. Meyer, M. R., Jung, J. P., Spear, J. K., Araiza, I. F., Galway-Witham, J., & Williams, S. A. (2023). "Knuckle-Walking in *Sahelanthropus*? Locomotor Inferences from the Ulnae of Fossil Hominins and Other Hominoids". *Journal of Human Evolution*, 179, 103355.

6. Johanson, D. C., Lovejoy, C. O., Kimbel, W. H., White, T. D., Ward, S. C., Bush, M. E., ⋯ & Coppens, Y. (1982). "Morphology of the Pliocene Partial Hominid Skeleton (AL 288-1) from the Hadar Formation, Ethiopia". *American Journal of Physical Anthropology*, 57(4), 403-451.

7. Dart, R. A., & Salmons, A. (1925). "*Australopithecus africanus*: The Man-ape of South Africa". *A Century of Nature: Twenty-One Discoveries that Changed Science and the World*, 10-20.

8. Broom, R. (1947). "Discovery of a New Skull of the South African Ape-man, Plesianthropus". *Nature*, 159(4046), 672-672.

9. Leakey, L. S. (1966). "*Homo habilis, Homo erectus* and the *Australopithecines*". *Nature*, 209(5030), 1279-1281.

10. Brown, F., Harris, J., Leakey, R., & Walker, A. (1985). "Early *Homo erectus* Skeleton from West Lake Turkana, Kenya". *Nature*, 316(6031), 788-792.

11. 위키피디아(https://en.wikipedia.org/wiki/Missing_link_(human_evolution)#/media/File:Human_pedigree.jpg).

12. Brumm, A. (2010). The Movius Line and the Bamboo Hypothesis: Early Hominin Stone Technology in Southeast Asia. *Lithic Technology*, 35(1), 7-24.

2장 하이델베르크인에서 호모 사피엔스까지

1. Woodward, A. S. (1921). "A New Cave Man from Rhodesia, South Africa". *Nature*, 108(2716), 371-372.

2. Banks, W. E., d'Errico, F., Peterson, A. T., Kageyama, M., Sima, A., & Sánchez-Goñi, M. F. (2008). "Neanderthal Extinction by Competitive Exclusion". *PLoS One*, 3(12), e3972.

3. Green, R. E., Krause, J., Briggs, A. W., Maricic, T., Stenzel, U., Kircher, M., ⋯ & Pääbo, S. (2010). "A Draft Sequence of the Neandertal Genome". *Science*, 328(5979), 710-722.

4. Villanea, F. A., & Schraiber, J. G. (2019). "Multiple Episodes of Interbreeding

between Neanderthal and Modern Humans". *Nature Ecology & Evolution*, 3(1), 39–44.

5. Wong, K. (2010). "Neandertal Genome Study Reveals That We Have a Little Caveman in US". *Scientific American*, 6.

6. Krause, J., Fu, Q., Good, J. M., Viola, B., Shunkov, M. V., Derevianko, A. P., & Pääbo, S. (2010). "The Complete Mitochondrial DNA Genome of an Unknown Hominin from Southern Siberia". *Nature*, 464(7290), 894–897.

7. Bouyssonie, J. (1958). "La Découverte de La Chapelle-aux-Saints. Aperçu d'ensemble". *Bulletin de la Société Scientifique, Historique et Archéologique de la Corrèze*, 80, 45–82.

8. Brown, P., Sutikna, T., Morwood, M. J., Soejono, R. P., Jatmiko, Wayhu Saptomo, E., & Awe Due, R. (2004). "A New Small-bodied Hominin from the Late Pleistocene of Flores, Indonesia". *Nature*, 431(7012), 1055–1061.

9. Thorne, A. G., & Wolpoff, M. H. (1992). "The Multiregional Evolution of Humans". *Scientific American*, 266(4), 76–83.

10. Klein, R. G. (2008). "Out of Africa and the Evolution of Human Behavior". *Evolutionary Anthropology: Issues, News, and Reviews*, 17(6), 267–281.

3부 걷고 말하고 생각하는 존재

1장 두발걷기와 짝 동맹

1. Hardy, A. (1960). "Was Man More Aquatic in the Past". *New Scientist*, 7(5).

2. Thorpe, S. K., Holder, R. L., & Crompton, R. H. (2007). "Origin of Human Bipedalism as an Adaptation for Locomotion on Flexible Branches". *Science*, 316(5829), 1328–1331.

3. Lovejoy, C. O. (1988). "Evolution of Human Walking". *Scientific American*, 259(5), 118–125.

4. Fifer, F. C. (1987). "The Adoption of Bipedalism by the Hominids: A New Hypothesis". *Human Evolution*, 2, 135–147.

5. Hunt, K. D. (1994). The Evolution of Human Bipedality: Ecology and Functional Morphology". *Journal of Human Evolution*, 26(3), 183–202.

6. Kivell, T. L. (2015). "Evidence in Hand: Recent Discoveries and the Early Evolution of Human Manual Manipulation". *Philosophical Transactions of the Royal Society B:*

Biological Sciences, 370(1682), 20150105.

7. Hewes, G. W. (1961). "Food Transport and the Origin of Hominid Bipedalism". *American Anthropologist*, 687-710.

8. Wheeler, P. E. (1991). "The Thermoregulatory Advantages of Hominid Bipedalism in Open Equatorial Environments: The Contribution of Increased Convective Heat Loss and Cutaneous Evaporative Cooling". *Journal of Human Evolution*, 21(2), 107-115.

9. Dart, R. A., & Salmons, A. (1925). "*Australopithecus africanus*: The Man-ape of South Africa". *A Century of Nature: Twenty-One Discoveries that Changed Science and the World*, 10-20.

10. Yavuzer, M. G. (2020). *Comparative Kinesiology of the Human Body*. Cambridge: Academic Press. 489-497.

11. Shorter, E. (1982). *A History Of Women's Bodies*. New York: Basic Books, Inc. Publishers.

12. Yavuzer, M. G. (2020). *Comparative Kinesiology of the Human Body*. Cambridge: Academic Press. 489-497.

2장 도구를 쓰는 인간

1. Oakley, K. P., (1959). *Man the Tool-Maker*. Chicago: University of Chicago Press.

2. Ashton, N., McNabb, J., & Parfitt, S. (1992). *Proceedings of the Prehistoric Society*. Cambridge: Cambridge University Press. 21-28.

3. O'Brien, E. M. (1981). "The Projectile Capabilities of an Acheulian Handaxe from Olorgesailie". *Current Anthropology*, 22(1), 76-79.

4. Kohn, M. & Mithen, S. (1999). "Handaxes: Products of Sexual Selection?". *Antiquity*, 73(281). 518-526.

5. Larbey, C., Mentzer, S. M., Ligouis, B., Wurz, S., & Jones, M. K. (2019). "Cooked Starchy Food in Hearths ca. 120 kya and 65 kya (MIS 5e and MIS 4) from Klasies River Cave, South Africa". *Journal of Human Evolution*, 131, 210-227.

6. Wrangham, R., & Conklin-Brittain, N. (2003). "Cooking as a Biological Trait". *Comparative Biochemistry and Physiology Part A: Molecular & Integrative Physiology*, 136(1), 35-46.

7. Kivell, T. L. (2015). "Evidence in Hand: Recent Discoveries and the Early Evolution of Human Manual Manipulation". *Philosophical Transactions of the Royal Society B: Biological Sciences*, 370(1682), 20150105.

3장 말하는 인간의 탄생

1. Thorndike, E. L. (1943). "The Origin of Language". *Science*, 98(2531), 1-6.

2. Whorf, B. L. (1997). "The Relation of Habitual Thought and Behavior to Language". *Sociolinguistics: A Reader*, 443-463.

3. Malotki, E., & Gary, K. (2001). *Hopi Stories of Witchcraft, Shamanism, and Magic*. Oxfordshire: Taylor & Francis.

4. Malotki, E. (2011). *Hopi time: A Linguistic Analysis of the Temporal Concepts in the Hopi Language (Vol. 20)*. Berlin: Walter de Gruyter.

5. Martin, L. (1986). "Eskimo Words for Snow: A Case Study in the Genesis and Decay of an Anthropological Example". *American Anthropologist*, 88(2), 418-423.

6. P. Kay & W. Kempton. (1984). "What is the Sapir-Whorf Hypothesis?". *American Anthropologist*, 86(1), 65-79.

7. Chomsky, N. (1959). "A Review of BF Skinner's Verbal Behavior". Language, 35(1), 26-58.

8. Chomsky, N. (1972). *Studies on Semantics in Generative Grammar (No. 107)*. Berlin: Walter de Gruyter.

9. Clark, G., & Henneberg, M. (2017). "*Ardipithecus ramidus* and the Evolution of Language and Singing: An Early Origin for Hominin Vocal Capability". *Homo*, 68(2), 101-121.

4장 큰 뇌가 불러온 인간의 변화

1. Henry Grey. (1918). *Anatomy of the Human Body*. Philadelphia: Lea&Febiger.

2. Young, J. Z. (1981). *The Life of Vertebrates*. Oxford: Oxford University Press.

3. Aiello, L. C. and Wheeler, P. (1995). "The Expensive-Tissue Hypothesis: The Brain and the Digestive System in Human Primate Evolution". *Current Anthropology*, 36, 199-221.

4. Shultz, S., Nelson, E., & Dunbar, R. I. (2012). "Hominin Cognitive Evolution: Identifying Patterns and Processes in the Fossil and Archaeological Record". *Philosophical Transactions of the Royal Society B: Biological Sciences*, 367(1599), 2130-2140.

5. Wrangham, R., & Conklin-Brittain, N. (2003). "Cooking as a Biological Trait". *Comparative Biochemistry and Physiology Part A: Molecular & Integrative Physiology*, 136(1), 35-46.

6. Armelagos, G. J. (2010). "The Omnivore's Dilemma: The Evolution of the Brain and the Determinants of Food Choice". *Journal of Anthropological Research*, 66(2), 161-

186.

7. Stout, D., & Chaminade, T. (2012). "Stone Tools, Language and the Brain in Human Evolution". *Philosophical Transactions of the Royal Society B: Biological Sciences*, 367(1585), 75-87.

8. Calvin, W. H. (1982). "Did Throwing Stones Shape Hominid Brain Evolution?". *Ethology and Sociobiology*, 3(3), 115-124.

9. Calvin, W. H. (1983). "A Stone's Throw and Its Launch Window: Timing Precision and Its Implications for Language and Hominid Brains". *Journal of Theoretical Biology*, 104(1), 121-135.

10. Parker, S. T. (1987). "A Sexual Selection Model for Hominid Evolution". *Human Evolution*, 2, 235-253.

11. Dunkel, C. S., Shackelford, T. K., Nedelec, J. L., & Van der Linden, D. (2019). "Cross-Trait Assortment for Intelligence and Physical Attractiveness in a Long-Term Mating Context". *Evolutionary Behavioral Sciences*, 13(3), 235.

12. Keverne, E. B. (2001). "Genomic Imprinting, Maternal Care, and Brain Evolution". *Hormones and Behavior*, 40(2), 146-155.

13. Byrne, R. W. (1996). "Machiavellian Intelligence". *Evolutionary Anthropology: Issues, News, and Reviews*, 5(5), 172-180.

14. Povinelli, D. J., & Preuss, T. M. (1995). "Theory of Mind: Evolutionary History of a Cognitive Specialization". *Trends in Neurosciences*, 18(9), 418-424.

4부 믿고 속이고 사랑하는 사회

1장 독특한 사랑의 법칙

1. Buss, D. M. (1989). "Sex Differences in Human Mate Preferences: Evolutionary Hypotheses Tested in 37 Cultures". *Behavioral and Brain Sciences*, 12(1), 1-14.

2. Buss, D. M., & Barnes, M. (1986). "Preferences in Human Mate Selection". *Journal of Personality and Social Psychology*, 50(3), 559.

3. Kenrick, D. T., Sadalla, E. K., Groth, G., & Trost, M. R. (1990). "Evolution, Traits, and the Stages of Human Courtship: Qualifying the Parental Investment Model". *Journal of Personality*, 58(1), 97-116.

4. Hamilton, W. D. (1982). *Population Biology of Infectious Diseases: Report of the Dahlem Workshop on Population Biology of Infectious Disease Agents Berlin 1982,*

March 14-19. Berlin: Springer Berlin Heidelberg. 269-296.

5. Jamrozik, A., Oraa Ali, M., Sarwer, D. B., & Chatterjee, A. (2019). "More Than Skin Deep: Judgments of Individuals with Facial Disfigurement". *Psychology of Aesthetics, Creativity, and the Arts*, 13(1), 117.

6. Thornhill, R., & Gangestad, S. W. (1993). "Human Facial Beauty: Averageness, Symmetry, and Parasite Resistance". *Human Nature*, 4, 237-269.

7. Langlois, J. H., & Roggman, L. A. (1990). "Attractive Faces are Only Average". *Psychological Science*, 1(2), 115-121.

8. Singh, D. (1995). "Female Judgment of Male Attractiveness and Desirability for Relationships: Role of Waist-to-Hip Ratio and Financial Status". *Journal of Personality and Social Psychology*, 69(6), 1089.

9. McGraw, K. J. (2002). "Environmental Predictors of Geographic Variation in Human Mating Preferences". *Ethology*, 108(4), 303-317.

10. Little, A. C., DeBruine, L. M., & Jones, B. C. (2013). "Environment Contingent Preferences: Exposure to Visual Cues of Direct Male-Male Competition and Wealth Increase Women's Preferences for Masculinity in Male Faces". *Evolution and Human Behavior*, 34(3), 193-200.

11. Marlowe, F., & Wetsman, A. (2001). "Preferred Waist-to-Hip Ratio and Ecology". *Personality and Individual Differences*, 30(3), 481-489.

12. Arnett, J. J. (2009). "The Neglected 95%, a Challenge to Psychology's Philosophy of Science". *American Psychologist*, 64(6), 571-574.

13. Henrich, J., Heine, S. J., & Norenzayan, A. (2010). "Most People are Not Weird". *Nature*, 466(7302), 29.

2장 결혼을 둘러싼 규칙

1. Murdock, G. P., & White, D. R. (1969). "Standard Cross-Cultural Sample". *Ethnology*, 8(4), 329-369.

2. Hill, K., & Kaplan, H. (1988). "Tradeoffs in Male and Female Reproductive Strategies among the Ache: Part 1". *Human Reproductive Behavior*, 277-290.

3. L. Ellis. (Ed.). (1993). *Social Stratification and Socioeconomic Inequality (Vol. 1): A Comparative Biosocial Analysis*. Santa Barbara: Praeger Publishers/Greenwood Publishing Group. 37-74.

4. Ridley, M. (1994). *The Red Queen: Sex and the Evolution of Human Nature*. London: Penguin UK.

5. Fisher, H. E. (2011). "Serial Monogamy and Clandestine Adultery: Evolution and

Consequences of the Dual Human Reproductive Strategy". *Applied Evolutionary Psychology*, 96-111.

6. 표준국어대사전 우리말샘.

7. Møller, A. P. (1988). "Paternity and Paternal Care in the Swallow, Hirundo Rustica". *Animal Behaviour*, 36(4), 996-1005.

3장 애착이 만들어낸 공동체, 가족

1. Bowlby, J. (2008). *Attachment*. New York: Basic Books.

2. Lorenz, K. (1935). "Der Kumpan in der Umwelt des Vogels. Der Artgenosse als auslösendes Moment sozialer Verhaltungsweisen". *Journal für Ornithologie*. Beiblatt. (Leipzig).

3. Ainsworth, M. D. S., Blehar, M. C., Waters, E., & Wall, S. N. (2015). *Patterns of attachment: A Psychological Study of the Strange Situation*. New York: Psychology Press.

4. Mesman, J., Van Ijzendoorn, M. H., & Sagi-Schwartz, A. (2016). *Handbook of Attachment: Theory, Research, and Clinical Applications, 3*. New York: Guilford. 852-877.

5. Bowlby, J. (1969). *Attachment and Loss (No. 79)*. New York: Random House.

6. Hamilton, W. D. (1963). "The Evolution of Altruistic Behavior". *The American Naturalist*, 97(896), 354-356.

7. Hamilton, W. D. (1964). "The Genetical Evolution of Social Behaviour". *Journal of Theoretical Biology*, 7(1), 1-16.

8. Hamilton, W. D. (1964). "The Genetical Evolution of Social Behaviour. II". *Journal of Theoretical Biology*, 7(1), 17-52.

9. Hoogland, J. L. (1983). "Nepotism and Alarm Calling in the Black-Tailed Prairie Dog(Cynomys ludovicianus)". *Animal Behaviour*, 31(2), 472-479.

10. Daly, M., & Wilson, M. (1999). *The Truth about Cinderella: A Darwinian View of Parental Love*. New Haven: Yale University Press.

4장 사회를 만드는 마음과 문화

1. Dawkins, R. (2016). *The Selfish Gene*. Oxford: Oxford University Press.

2. Pinker, S. (2004). *The Blank Slate: The Modern Denial of Human Nature*. New York: Viking.

3. Popper, K. (1974). *Unended Quest*. London: Fontana.

4. Eibl-Eibesfeldt, I. (2017). *Human Ethology*. Oxfordshire: Routledge.

5. Daneshpajooh, F., Samadi, H. & HemmatiMoghaddam, A.. (2018). "Evolutionary Epistemology of Donald Campbell". *Journal of Philosophical Investigations at University of Tabriz*, 12(22), 45-62.

6. Fodor, J. A. (1983). *The Modularity of Mind*. Cambridge: MIT Press.

7. 표준국어대사전.

8. Darwin, C. (1872). *The Expression of the Emotions in man and Animals*. Scotland: John Murray.

9. Ekman, P., & Friesen, W. V. (1971). "Constants Across Cultures in the Face and Emotion". *Journal of Personality and Social Psychology*, 17(2), 124.

10. Ekman, P. (1973). "Cross-Cultural Studies of Facial Expression". *Darwin and Facial Expression: A Century of Research in Review*, 169222(1).

11. Eibl-Eibesfeldt, I. (1973). *Social Communication and Movement*. Cambridge: Academic Press. 163-193.

12. Rozin, P., Haidt, J., McCauley, C., & Imada, S. (1997). "Disgust: Preadaptation and the Cultural Evolution of a Food-Based Emotion". *Food Preferences and Taste*, 65-82.

13. 표준국어대사전 우리말샘.

14. Adams, M. P. (2011). "Modularity, Theory of Mind, and Autism Spectrum Disorder". *Philosophy of Science*, 78(5), 763-773.

15. Miller, G. (2011). *The Mating Mind: How Sexual Choice Shaped the Evolution of Human Nature*. Anchor.

16. Durkheim, E. (2005). *Suicide: A Study in Sociology*. Oxfordshire: Routledge.

17. Dawkins, R. (2016). *The Selfish Gene*. Oxford: Oxford University Press.

18. Boyd, R., & Richerson, P. J. (1988). *Culture and the Evolutionary Process*. Chicago: University of Chicago Press.

19. Allison, A. C. (1954). "The Distribution of the Sickle-Cell Trait in East Africa and Elsewhere, and Its Apparent Relationship to the Incidence of Subtertian Malaria". *Transactions of the Royal Society of Tropical Medicine and Hygiene*, 48(4), 312-318.

20. Dawkins, R. (1982). *The Extended Phenotype (Vol. 8)*. Oxford: Oxford University Press.

5장 도덕과 종교

1. Nash Jr, J. F. (1950). "Equilibrium Points in N-person Games". *Proceedings of the National Academy of Sciences*, 36(1), 48-49.

2. Axelrod, R., & Hamilton, W. D. (1981). "The Evolution of Cooperation". *Science*,

211(4489), 1390-1396.

3. Curry, O. S., Mullins, D. A., & Whitehouse, H. (2019). "Is it Good to Cooperate? Testing the Theory of Morality-as-Cooperation in 60 Societies". *Current Anthropology*, 60(1), 47-69.

4. Graham, J., Haidt, J., Koleva, S., Motyl, M., Iyer, R., Wojcik, S. P., & Ditto, P. H. (2013). *Advances in Experimental Social Psychology (Vol. 47)*. Cambridge: Academic Press. 55-130.

5. Hechter, M., & Kanazawa, S. (1997). "Sociological Rational Choice Theory". *Annual Review of Sociology*, 23(1), 191-214.

6. Smith, J. M. (1982). *Did Darwin Get It Right?: Essays on Games, Sex and Evolution*. Boston: Springer US. 202-215.

7. Lalumière, M. L., Harris, G. T., & Rice, M. E. (2001). "Psychopathy and Developmental Instability". *Evolution and Human Behavior*, 22(2), 75-92.

8. Foster, K. R., Wenseleers, T., & Ratnieks, F. L. (2001). "Spite: Hamilton's Unproven Theory. In Annales Zoologici Fennici". *Finnish Zoological and Botanical Publishing Board*. 229-238.

9. Ellis, L., & Walsh, A. (2000). *Criminology: A Global Perspective*. Boston: Allyn and Bacon.

10. Cosmides, L., & Tooby, J. (1992). "Cognitive Adaptations for Social Exchange". *The Adapted Mind: Evolutionary Psychology and the Generation of Culture*, 163, 163-228.

11. Guthrie, S. (1980). "A Cognitive Theory of Religion". *Current Anthropology Chicago, Ill.*, 21(2), 181-203.

12. Boyer, P. (2003). "Religious Thought and Behaviour as By-Products of Brain Function". *Trends in Cognitive Sciences*, 7(3), 119-124.

13. Barrett, J. L. (2000). "Exploring the Natural Foundations of Religion". *Trends in Cognitive Sciences*, 4(1), 29-34.

14. Boyer, P. (2007). *Religion Explained: The Evolutionary Origins of Religious Thought*. Hachette UK.

15. Gebhard, U., Nevers, P., & Billmann-Mahecha, E. (2003). "Moralizing Trees: Anthropomorphism and Identity in Children's Relationships to Nature". *Identity and the Natural Environment: The Psychological Significance of Nature*, 91-111.

16. Barrett, J. L., & Keil, F. C. (2016). *Religion and Cognition*. Oxfordshire: Routledge. 116-148.

17. Porubanova-Norquist, M., Shaw, D. J., & Xygalatas, D. (2013). "Minimal-

Counterintuitiveness Revisited: Effects of Cultural and Ontological Violations on Concept Memorability". *Journal for the Cognitive Science of Religion*, 1(2), 181-192.

18. 위키피디아(https://en.wikipedia.org/wiki/Spandrel_%28biology%29#/media/File:Spandrel_(PSF).png).

19. Gould, Stephen Jay; Lewontin, Richard C. (1979). "The Spandrels of San Marco and the Panglossian Paradigm: A Critique of the Adaptationist Programme". *Proceedings of the Royal Society B: Biological Sciences*, 205(1161), 581-598.

영상 출처

영상 1   Two male lions fighting fiercely for the mating rights(https://www.youtube.com/watch?v=FK628gy1g3Y).

영상 2   Impressive Nest-Building Skills of the Great Bowerbird | SLICE(https://www.youtube.com/watch?si=Tc7AAjTepebsspZ4&v=bOfukj1aM1E&feature=youtu.be)

영상 3   Male Peacocks Head Off to Love Arena to Attract a Mate(https://www.youtube.com/watch?v=ritxmTpKayY&t=11s)

영상 4   Konrad Lorenz | Imprinting(https://www.youtube.com/watch?v=JGyfcBfSj4M)

영상 5   비로부터 여왕개미를 지키는 일개미들(https://www.youtube.com/watch?app=desktop&v=esIUkdW46j)

영상 6   A Prairie Dog Emergency Alert System | America's National Parks(https://www.youtube.com/watch?v=m6o8MPlI-2I)

더 읽을거리

진화론

리처드 도킨스 저, 이용철 역, 『눈먼 시계공』, 사이언스북스, 2004.

리처드 도킨스 저, 김명남 역, 『지상 최대의 쇼』, 김영사, 2009.

리처드 도킨스 저, 이용철 역, 『에덴의 강』, 사이언스북스, 2014.

리처드 도킨스 저, 홍영남·장대익·권오현 역, 『확장된 표현형』, 을유문화사, 2022.

리처드 도킨스 저, 홍영남·이상임 역, 『이기적 유전자』, 을유문화사, 2023.

스티븐 제이 굴드 저, 이명희 역, 『풀하우스』, 사이언스북스, 2002.

스티븐 제이 굴드 저, 홍욱희·홍동선 역, 『다윈 이후』, 사이언스북스, 2009.

앨프리드 러셀 월리스 저, 노승영 역, 『말레이제도』, 지오북, 2017.

에드워드 윌슨 저, 최재천·장대익 역, 『통섭』, 사이언스북스, 2005.

에른스트 마이어 저, 임지원 역, 『진화란 무엇인가』, 사이언스북스, 2014.

장대익, 『다윈의 식탁』, 바다출판사, 2015.

장 바티스트 드 라마르크 저, 이정희 역, 『동물철학』, 지식을만드는지식, 2014.

조지 윌리엄스 저, 이명희 역, 『진화의 미스터리』, 사이언스북스, 2009.

조지 윌리엄스 저, 전중환 역, 『적응과 자연선택』, 나남, 2013.

찰스 다윈 저, 장대익 역, 『종의 기원』, 사이언스북스, 2019.

최재천, 『다윈의 사도들』, 사이언스북스, 2023.

케빈 랠런드·길리언 브라운 저, 양병찬 역, 『센스 앤 넌센스』, 동아시아, 2014.

헬레나 크로닌 저, 홍승효 역, 『개미와 공작』, 사이언스북스, 2016.

고인류학

닉 레인 저, 김정은 역, 『미토콘드리아』, 뿌리와이파리, 2009.

닐 슈빈 저, 김명남 역, 『내 안의 물고기』, 김영사, 2009.

더그 맥두걸 저, 조혜진 역, 『우리는 지금 빙하기에 살고 있다』, 말글빛냄, 2005.

레베카 랙 사익스 저, 양병찬 역, 『네안데르탈』, 생각의힘, 2022.

로빈 던바 저, 김학영 역, 『멸종하거나 진화하거나』, 반니, 2015.

리처드 도킨스·옌 웡 저, 이한음 역, 『조상 이야기』, 까치, 2018. (원본 출판 2004년)

리처드 리키 저, 황현숙 역, 『인류의 기원』, 사이언스북스, 2014.

마를린 주크 저, 김홍표 역,『섹스, 다이어트 그리고 아파트 원시인』, 위즈덤하우스, 2017.

마틴 존스 저, 신지영 역,『고고학자, DNA 사냥을 떠나다』, 바다출판사, 2007.

매슈 F. 보넌 저, 황미영 역,『뼈, 그리고 척추동물의 진화』, 뿌리와이파리, 2018.

박순영,『뼈로 읽는 과거 사회』, 서울대학교출판문화원, 2020.

사라시나 이사오 저, 이경덕 역,『절멸의 인류사: 우리는 어떻게 살아남았는가』, 부키, 2020.

션 B. 캐럴 저, 김명주 역,『한 치의 의심도 없는 진화 이야기』, 지호, 2008.

스반테 페보 저, 김명주 역,『잃어버린 게놈을 찾아서』, 부키, 2015.

스티브 올슨 저 이영돈 역,『우리 조상은 아프리카인이다』, 몸과마음, 2004.

우은진·정충원·조혜란,『우리는 모두 2% 네안데르탈인이다』, 뿌리와이파리, 2018.

제리 코인 저, 김명남 역,『지울 수 없는 흔적』, 을유문화사, 2011.

조너선 와이너 저, 양병찬 역,『핀치의 부리』, 동아시아, 2017.

칼 세이건·앤 두르얀,『잊혀진 조상의 그림자』, 사이언스북스, 2008.

칼 짐머 저, 이창희 역,『진화』, 웅진지식하우스, 2018.

커밋 패티슨 저, 윤신영 역,『화석맨』, 김영사, 2022.

J. G. M. 한스 테비슨 저, 김미선 역,『걷는 고래』, 뿌리와이파리, 2018.

진화인류학

다니엘 S. 밀로 저, 이충호 역,『굿 이너프』, 다산사이언스, 2021.

당 스페르베 저, 김윤성·구형찬 역,『문화 설명하기』, 이학사, 2022.

데이비드 슬론 윌슨 저, 김영희·이미정·정지영 역,『진화론의 유혹』, 북스토리, 2009.

데이비드 슬론 윌슨 저, 황연아 역,『네이버후드 프로젝트』, 사이언스북스, 2017.

로버트 액설로드 저, 이경식 역,『협력의 진화』, 시스테마, 2009.

로버트 M. 새폴스키 저, 김명남 역,『행동』, 문학동네, 2023.

롭 브룩스 저, 최재천·한창석 역,『매일 매일의 진화생물학』, 바다출판사, 2022.

룰루 밀러 저, 정지인 역,『물고기는 존재하지 않는다』, 곰출판, 2022.

리 앨런 듀가킨·류드밀라 트루트 저, 서민아 역,『은여우』, 필로소픽, 2018.

리처드 도킨스 저, 이한음 역,『만들어진 신』, 김영사, 2007.

리처드 랭엄 저, 조현욱 역,『요리 본능』, 사이언스북스, 2011.

리처드 랭엄 저, 이유 역,『한없이 사악하고 더없이 관대한』, 을유문화사, 2020.

리처드 프럼 저, 양병찬 역,『아름다움의 진화』, 동아시아, 2019.

마크 모펫 저, 김성훈 역,『인간 무리, 왜 무리지어 사는가』, 김영사, 2020.

매트 리들리 저, 김윤택 역,『THE RED QUEEN(붉은 여왕)』, 김영사, 2006.

매트 리들리 저, 김한영 역, 『본성과 양육』, 김영사, 2004.

박순영·구형찬·김준홍·박한선·유지현·이수지·좌정원·황준, 『휴먼 디자인』, 서울대학교출판문화원, 2023.

박한선·구형찬, 『감염병 인류』, 창비, 2021.

박한선, 『인간의 자리』, 바다출판사, 2023.

브라이언 헤어·버네사 우즈 저, 이민아 역, 『다정한 것이 살아남는다』, 디플롯, 2021.

사라 블래퍼 홀디 저, 유지현 역, 『어머니, 그리고 다른 사람들』, 에이도스, 2021.

세라 블래퍼 허디 저, 황희선 역, 『어머니의 탄생』, 사이언스북스, 2014.

아구스틴 푸엔테스 저, 박혜원 역, 『크리에이티브』, 추수밭, 2018.

애슐리 몬터규 저, 최로미 역, 『터칭』, 글항아리, 2017.

앨리슨 졸리 저, 한상희 외 역, 『루시의 유산』, 한나출판사, 2003.

에드워드 윌슨 저, 이한음 역, 『인간 본성에 대하여』, 사이언스북스, 2017.

요한 그롤레 저, 박의춘 역, 『원숭이는 어떻게 인간이 되었는가』, 이끌리오, 2000.

존 카트라이트 저, 박한선 역, 『진화와 인간 행동』, 에이도스, 2019

재레드 다이아몬드 저, 김정흠 역, 『제3의 침팬지』, 문학사상, 2015.

재레드 다이아몬드 저, 강주헌 역, 『총균쇠』, 김영사, 2023.

재레드 다이아몬드 저, 임지원 역, 『섹스의 진화』, 사이언스북스, 2005.

제임스 수즈먼 저, 김병화 역, 『일의 역사』, 알에이치코리아, 2022.

조지프 헨릭 저, 유강은 역, 『위어드』, 21세기북스, 2022.

조지프 헨릭 저, 주명진·이병권 역, 『호모사피엔스, 그 성공의 비밀』, 뿌리와이파리, 2019.

찰스 파스테르나크 저, 서미석 역, 『호모쿠아에렌스』, 길, 2005.

최정규, 『이타적 인간의 출현』, 뿌리와이파리, 2009.

콘라트 로렌츠 저, 김천혜 역, 『솔로몬의 반지』, 사이언스북스, 2014.

케빈 랠런드 저, 김준홍 역, 『다윈의 미완성 교향곡』 동아시아, 2023.

크리스토퍼 맥두걸 저, 민영진 역, 『본 투 런(Born To Run)』, 여름언덕, 2016.

크리스틴 케닐리 저, 전소영 역, 『언어의 진화』, 알마, 2009.

파스칼 보이어 저, 이창익 역, 『종교, 설명하기』, 동녘사이언스, 2015.

피터 J. 리처슨·로버트 보이드 저, 김준홍 역, 『유전자만이 아니다』 이음, 2017.

한나 홈스 저, 박종성 역, 『인간생태보고서』, 웅진지식하우스, 2010.

영장류학

로버트 M. 새폴스키 저, 박미경 역, 『Dr. 영장류 개코원숭이로 살다』, 솔빛길, 2016.

리처드 랭햄·데일 피터슨 저, 이명희 역, 『악마 같은 남성』, 사이언스북스, 1998.

제인 구달 저, 박순영 역,『제인 구달』, 사이언스북스, 2023.

제인 구달 저, 박순영 역,『희망의 이유』, 김영사, 2023.

프란스 드 발 저, 장대익·황상익 역,『침팬지 폴리틱스』, 바다출판사, 2018.

프란스 드 발 저, 박성규 역,『원숭이와 초밥 요리사』, 수희재, 2005.

진화심리학

개드 사드 저, 김태훈 역,『소비 본능』, 더난출판사, 2012.

니컬러스 험프리 저, 박한선 역,『센티언스』, 아르테, 2023.

대니얼 데닛 저, 이한음 역,『자유는 진화한다』, 동녘사이언스, 2009.

더글러스 T. 켄릭, 최인하 역,『인간은 야하다』, 21세기북스, 2012.

대니얼 데닛 저, 이희재 역,『마음의 진화』, 사이언스북스, 2016.

데이비드 바래시·나넬 바래시 저, 박중서 역,『보바리의 남자 오셀로의 여자』, 사이언스북스, 2008.

데이비드 버스 저, 이상원 역,『위험한 열정 질투』, 추수밭, 2006.

데이비드 버스 저, 전중환 역,『욕망의 진화』, 사이언스북스, 2013.

데이비드 P. 버래쉬 저, 이한음 역,『일부일처제의 신화』, 해냄출판사, 2002.

로빈 던바 저, 안진이 역,『프렌즈』, 어크로스, 2022.

로빈 던바 저, 한형구 역,『그루밍, 가십, 그리고 언어의 진화』, 강, 2023.

로버트 라이트 저, 박영준 역,『도덕적 동물』, 사이언스북스, 2003.

로버트 트리버스 저, 이한음 역,『우리는 왜 자신을 속이도록 진화했을까』, 살림, 2013.

로빈 베이커 저, 이민아 역,『정자전쟁』, 이학사, 2007.

마틴 데일리·마고 윌슨 저, 김명주 역,『살인』, 어마마마, 2015.

샤론 모알렘 저, 정종옥 역,『진화의 선물 사랑의 작동 원리』, 상상의숲, 2011.

스티븐 핑커 저, 김한영 역,『빈 서판』, 사이언스북스, 2017.

스티븐 핑커 저, 김명남 역,『우리 본성의 선한 천사』, 사이언스북스.

스티븐 핑커 저, 김한영 역,『언어본능』, 동녘사이언스, 2008.

안토니오 다마지오 저, 임지원·고현석 역,『느낌의 진화』, 아르테, 2019.

안토니오 다마지오 저, 고현석 역,『느낌의 발견』, 아르테, 2023.

윌리엄 캘빈 저, 윤소영 역,『생각의 탄생』, 사이언스북스, 2006.

존 볼비 저, 김창대 역,『애착』, 연암서가, 2019.

제프리 밀러 저, 김명주 역,『연애』, 동녘사이언스, 2009.

제프리 밀러 저, 김명주 역,『스펜트』, 동녘, 2010.

조너선 갓셜 저, 노승영 역,『스토리텔링 애니멀』, 민음사, 2014.

조너선 하이트 저, 왕수민 역,『바른마음』, 웅진지식하우스, 2014.

찰스 다윈 저, 김성한 역, 『인간과 동물의 감정 표현』, 사이언스북스, 2020.

찰스 퍼니휴 저, 박경선 역, 『내 머릿속에 누군가 있다』, 에이도스, 2018.

헬렌 피셔 저, 정명진 역, 『왜 우리는 사랑에 빠지는가』, 생각의나무, 2005.

헬렌 피셔 저, 윤영삼·이영진 역, 『나는 누구를 사랑할 것인가』, 코리아하우스, 2009.

게르하르트 로트 저, 김미선 역, 『뇌와 마음의 오랜 진화』, 시그마프레스, 2015.

진화의학

로버트 펄먼 저, 김홍표 역, 『진화와 의학』, 지식을만드는지식, 2015.

리 골드먼 저, 김희정 역, 『진화의 배신』, 부키, 2019.

랜돌프 M. 네스 저, 안진이 역, 『이기적 감정』, 더퀘스트, 2020.

바이바 크레건리드 저, 고현석 역, 『의자의 배신』, 아르테, 2020.

샤론 모알렘 저, 김소영 역, 『아파야 산다』, 김영사, 2010.

웬다 트레바탄 저, 박한선 역, 『여성의 진화』, 에이도스, 2017.

피터 글럭맨·앨런 비들·마크 핸슨 저, 김인수·김종재·남석현·문은표·유은실·지제근·최진 역, 『진화의학의 이해』, 허원북스, 2014.

한스 이저맨 저, 이경식 역, 『따뜻한 인간의 탄생』, 머스트리드북, 2021.

허먼 폰처 저, 김경영 역, 『운동의 역설』, 동녘사이언스, 2022.

R. 네스·G. 윌리엄스 저, 최재천 역, 『인간은 왜 병에 걸리는가』, 사이언스북스, 2005.

부록

한국의 고고·자연사 박물관

우리나라에도 인류의 진화 과정을 볼 수 있는 박물관이 많습니다. 특히 각 지역에서 발굴된 유물을 보존하고 있는 곳에 가보면 아주 오래 전 그곳에 살았던 인류의 모습을 그려볼 수 있습니다. 이 책을 읽고 인류의 자취가 궁금해진 독자들에게 고고·자연사 박물관 몇 곳을 소개합니다.

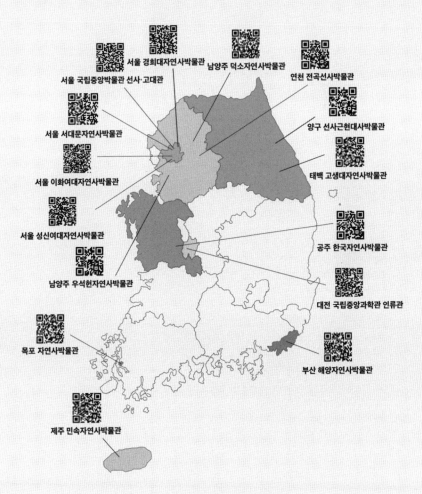

진화인류학 강의

초판 1쇄 2024년 7월 15일

지은이 | 박한선
펴낸이 | 송영석

주간 | 이혜진
편집장 | 박신애 **기획편집** | 최예은 · 조아혜 · 정엄지
디자인 | 박윤정 · 유보람
마케팅 | 김유종 · 한승민
관리 | 송우석 · 전지연 · 채경민

펴낸곳 | (株)해냄출판사
등록번호 | 제10-229호
등록일자 | 1988년 5월 11일(설립일자 | 1983년 6월 24일)
04042 서울시 마포구 잔다리로 30 해냄빌딩 5 · 6층
대표전화 | 326-1600 **팩스** | 326-1624
홈페이지 | www.hainaim.com

ISBN 979-11-6714-084-5